# 超 面白くて眠れなくなる数学

桜井 進

PHP文庫

○本表紙図柄＝ロゼッタ・ストーン（大英博物館蔵）
○本表紙デザイン＋紋章＝上田晃郷

# はじめに

カバーの絵をご覧ください。

これは魔方陣と呼ばれるものです。いわゆる「魔方陣」は、縦・横・斜めのいずれの和（足した数）も等しいものですが、カバーに描かれているのは「魔六角陣」というもので、横・斜めのいずれの和も等しくなるように数が配置されています。

ぜひ、もう一度カバーを見て確かめてみてください。

数の神秘にあなたは、驚くことでしょう。

その驚きに誘われるようにして数学者になっていったのが、日本の関孝和《せきたかかず》やインドのラマヌジャンでした。天才数学者である二人は、いずれも小さい時に魔方陣と出合い、魔方陣を心から楽しみました。

パズルが、数の世界への入り口だったのです。

そして、数の世界に惹かれた者たちは、計算の旅に出ます。

私たちを計算の旅に誘《いざな》う、未知なる数の世界。数学は、この宇宙とさらには私たちが考えることができる広大な世界を語る言葉です。

そして数学は、宝くじやギャンブル、お化粧のテクニックや漢字の中、男女の出会いの確率など、身近なところにもひそんでいるのです。

本書のタイトルは『超 面白くて眠れなくなる数学』ですが、「超」とつけたのには理由があります。「PartⅢ」で紹介しますが、数学には、実に多くの「超」がつく言葉があるのです。

超空間、超幾何《きか》級数、超越数、超数学――。残念ながら高校までに習う数学にはでてきませんが、人間の手が届かない宇宙の果てや、ミクロの世界を探ることができる数学それ自体が、普通の言葉を「超えた」存在です。

その数学の中に「超～」という言葉が、数多くあるのはとても興味深いことです。是非、その雰囲気を感じ取っていただきたいと思います。

計算という旅に出た旅人――数学者は、どんな願いを胸に旅に出かけたのか、どんな思いをしながら旅を続けたのか、そして終着点で見た風景とは何だったのか、サイエンスナビゲーター®は語っていきます。

数学ってどこから来たんだろう
歴史をふりかえる時
数学の居場所は見えてくる
人はなぜ数学をするのだろう？
はじめに心あり
計算とは旅である

さぁ、一緒に数学の心を見つける旅に出かけましょう。
計算の風景と数学という言葉の世界を安全に快適に堪能《たんのう》していただけるよう、サイエンスナビゲーター®がご案内します。

超面白くて眠れなくなる数学……目次



Part I

## 思わず誰かに話したくなる数学

Part II

# 読み出すととまらなくなる数学

## Part Ⅲ

# 超面白くて眠れなくなる数学



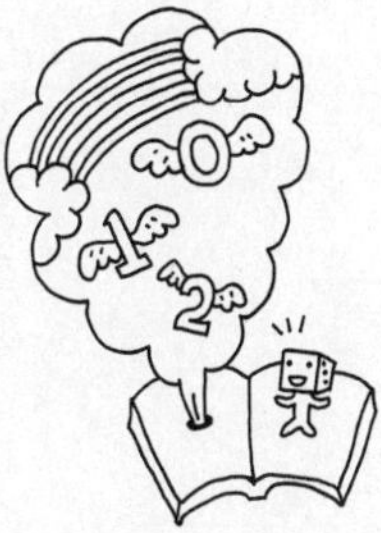

## PartⅣ 面白くて眠れなくなる"人と数学"



本文デザイン＆イラスト 宇田川由美子

# Part I

# 思わず誰かに話したくなる数学

# 宝くじとカジノ、どちらが儲かる？

## カジノは危ないギャンブル？

カジノは、日本ではあまりいい印象がありません。たしかに、ラスベガスに代表されるカジノは日本のギャンブルに比べて大きなお金が動きます。

しかし、実際にカジノに行って体験してみると、思っていたような悪いイメージはありませんでした。それどころか、とても楽しい遊び・娯楽空間にさえ思われてくるからふしぎです。

しかし、日本のギャンブルと日本にはないカジノでは、数学的に決定的な違いがあります。

それを数値で見ていくことにしましょう。

## ギャンブルのひみつを解き明かす

ギャンブルに興味がある人ならば、「期待値」「還元率」といった言葉を聞いたことがあるかもしれません。これは「ギャンブルで勝った場合にどれだけ払い戻されるか」をあらわす指標です。競馬などで用いる「オッズ」もこれにあたります。

ちなみに海外のカジノやブックメーカーといったギャンブルで用いられる「オッズ」と、日本での「オッズ」は意味が異なっています。

日本の「オッズ」は、「賭ける金と払戻金の倍率」のことをいいます。

例えば競馬で「サクライバクシンオーの単勝は120円（1・2倍）」という場合は、「サクライバクシンオーがそのレースに勝った場合、100円の馬券が120円で換金できる（1・2倍になる）」という意味です。

しかし、海外のオッズは確率をもとに計算される数値のことなのです。

勝つ確率を「p」とすると、負ける確率は「1－p」です。これらの割合、すなわち「負ける確率分の勝つ確率＝$\frac{p}{1-p}$」をオッズ（以下、オッズはすべて海外の場合を意味します）といいます。

簡単にいうと、

「オッズが0・1ならば、賭け金1に対して、勝った場合の儲け分が$\frac{1}{0.1}=10$、つまり賭け金1に対して払戻金は1＋10の11」になります。これは、日本でいうところの「倍率11倍」ということです。続いて見ていきましょう。

オッズが「0・25」ならば、儲け分が「$\frac{1}{0.25}=4$」。よって「倍率5倍」。

オッズが「1」ならば、儲け分が「1／1＝1」、「倍率2倍」。

オッズが「2」ならば、儲け分が「1／2＝0・5」、「倍率1・5倍」。

オッズが「4」ならば、儲け分が「1／4＝0・25」、「倍率1・25倍」。

このように、オッズが「1」より小さければ小さいほど「儲け分が大きくなる」ことがわかりますね。

## 宝くじが当たる確率は？

さて「期待値」とは、この確率から計算される数値です。

「宝くじの賞金の期待値＝当たる確率×当せん金」であらわされます。

宝くじの場合、等ごとに当たる本数（確率）と当せん金が決まっています。「期待値」は、これらのすべての等ごとの「当たる確率×当せん金の和」として求められることになるわけです。

それでは、次頁を見ながら、実際の宝くじの券を手元において「期待値」を計算してみましょう。当せん金×本数の合計を、発行された宝くじの枚数で割った値が「期待値」となります。この計算から「なぜ日本でカジノが実現しないのか」の理由が見えてきます。

二〇二〇年の年末ジャンボ宝くじの「期待値」は「149・995円」であることがわかりました。これは一枚三〇〇円の宝くじの期待値となります。

これを「100円あたり」に換算すると「約49・998円」となります。この割合であらわした「49・998％」を「還元率」といいます。

つまり、「100円に対して49・998円が当せん金として払い戻される」ということです。「期待値」も「還元率」も実質どれだけ払い戻されるかをあらわす指標ということです。

## ◆日本の宝くじを徹底分析！

令和２年（2020年）年末ジャンボ宝くじ（第862回全国自治宝くじ）より

| 等級 | 当せん金 | 本数（22ユニット） | 1ユニット（2000万枚） | 当せん金×本数（1ユニット） |
|---|---|---|---|---|
| 1等 | 700,000,000円 | 22本 | 1本 | 700,000,000円 |
| 1等の前後賞 | 150,000,000円 | 44本 | 2本 | 300,000,000円 |
| 1等の組違い賞 | 100,000円 | 4,378本 | 199本 | 19,900,000円 |
| 2等 | 10,000,000円 | 88本 | 4本 | 40,000,000円 |
| 3等 | 1,000,000円 | 880本 | 40本 | 40,000,000円 |
| 4等 | 50,000円 | 44,000本 | 2,000本 | 100,000,000円 |
| 5等 | 10,000円 | 1,320,000本 | 60,000本 | 600,000,000円 |
| 6等 | 3,000円 | 4,400,000本 | 200,000本 | 600,000,000円 |
| 7等 | 300円 | 44,000,000本 | 2,000,000本 | 600,000,000円 |
| | | | 合計金額 | 2,999,900,000円 |

**期待値**＝ 2,999,900,000円 ÷ 20,000,000本＝ 149.995円／本

◆ギャンブルの還元率一覧

| ギャンブル | ¥ 還元率 |
|---|---|
| 日本の宝くじ | 45.7％ |
| 競馬、競輪 | 74.8％ |
| パチンコ、パチスロ | 60％～90％（公表データなし） |
| ルーレット | 94.74％ |
| スロットマシン | 95.8％ |
| バカラ（プレーヤー） | 98.64％ |
| バカラ（バンカー） | 98.83％ |

## どのギャンブルが儲かるの？

ちなみに「期待値」にはお金の単位である円がつきますが、「還元率」にはつきません。

これだけを見ていると判断ができないので、さまざまなギャンブルの「還元率」を比べてみましょう（上図参照）。

これでわかると思いますが、日本のギャンブルの還元率はカジノ（ルーレット、スロットマシン、バカラ）と比べて小さいことがわかります。

宝くじと競馬、競輪など日本の公営ギャンブルの還元率が低いのは、当せん金支払い分と事務経費を差し引いた残りである収益金が、発売元の県や市の収入になるからです。

これが公営ギャンブルの存在理由になるわけですが、逆にいえばカジノができにくい原因にもなっています。

## 大きく儲ける? 小さく儲ける?

カジノの特徴は、九〇%以上という数値を見てもわかるように「還元率が非常に大きい」ことです。これにより、少ない軍資金でも長い時間遊ぶことができるようになるのです。

還元率が一〇〇%より少しでも小さければ、胴元《どうもと》(ディーラー)はその差額が必ず「儲け」となります。

大きなお金で短く遊ぶことはもちろん、小さいお金で長く遊ぶことも可能なのがカジノです。カジノの高還元率は、非常に合理的であることがわかりますね。

ですから、もし日本に民間のカジノができてしまうと、いまある公営ギャンブル、パチンコ、パチスロが大打撃を受けることは火を見るよりも明らかです。

日本にいずれカジノができるのかどうかはわかりません。私は、カジノやギャンブルを薦めているわけではありませんが、数学的に見ると、「ハイリスクな公営ギャンブル」に対して、「小さいお金でも長く安心して楽しめるカジノ」という比較をすることはできます。

みなさんは、どう考えますか？

還元率に注目することが
楽しく遊ぶコツだね

# ギャンブル必勝法！ ただし…

## ギャンブルに必勝法があった？

ギャンブルにはウマイ必勝法はありません。しかし、「条件つき」ならば、必勝法があります。

その一つが「マーチンゲール法」です。これは、「勝った場合にオッズ（賭けた金が何倍になって払い戻されるかという払戻金の倍率）が二倍以上になるギャンブル」にこの方法を用いると必ず儲けることができるという必勝法です。

まずは、基本的なしくみを理解するところから始めましょう。

## 必勝法のしくみはシンプル

内容をわかりやすくするために、賭け金が常に二倍になるギャンブルを考えてみます。

最初に一〇〇円を賭けて、ギャンブルを始めたとします。すると、勝った場合の配当金は二倍の二〇〇円なので、差し引き一〇〇円の儲けになりますね。

ここで負けた場合、次は二倍の二〇〇円を賭けます。これに勝てば配当金は二倍の四〇〇円なので、「400－（100＋200）＝100（円）」の儲けになります。

さらに負けたならば、次は二倍の四〇〇円を賭けます。これに勝てば配当金は二倍の八〇〇円なので、「800－（100＋200＋400）＝100（円）」の儲けになります。

ここでも負けたら、次は二倍の八〇〇円を賭けます。これに勝てば配当金は二倍の一六〇〇円なので、「1600－（100＋200＋400＋800）＝100（円）」の儲けになります。

なおかつ負けたら、次は二倍の一六〇〇円を賭けます。これに勝てば配当金は二倍の三二〇〇円なので、「3200－（100＋200＋400＋800＋1600）＝100（円）」の儲けになります。

それでも負けたら、次は二倍の三二〇〇円を賭けます。これに勝てば配当金は二倍の六四〇〇円なので、「6400－（100＋200＋400＋800＋1600

0＋3200）＝100（円）」の儲けになります。

もう、おわかりですね。

つまり、「負けたら二倍の金額を賭けて、勝つまで続ける」というだけなのです。どこで勝っても、必ず最初の賭け金と同額の一〇〇円が儲かります。

つまり、「マーチンゲール法」とは倍々法のことです。そして、勝った後でさらにギャンブルを続ける場合には、もう一度はじめからこの方法をやり直すようにして儲け分には手をつけないようにするのです。

## 必勝法をシミュレーション！

それでは、これを実際に試してみましょう。

「マーチンゲール法」のしくみから明らかにわかることは、負け続けた場合にはどんどん賭け金が必要になるので、はじめに準備する軍資金が重要になるということです。

先程のゲームで、さらに負け続けた場合にどれだけ軍資金が必要なのか――すなわち、どれだけ負けるかを計算してみます。

一回負ける　100＋200＝300（円）
二回負ける　100＋200＋400＝700（円）
三回負ける　100＋200＋400＋800＝1500（円）
…
八回負ける　5万1100（円）
九回負ける　10万2300（円）
一〇回負ける　20万4700（円）
n回負ける　（2の（$n$＋1）乗－1）×100（円）

これを表にして考えると、次頁のようになります。

ということは、もし軍資金を一〇万円用意して、すべてを「マーチンゲール法」で賭けた場合には、八回連続で負けてしまうと、賭け金合計が五万一一〇〇円となり、九回目の賭け金五万一二〇〇円は払えなくなってしまうので、ここでギブアップ。五万一一〇〇円の損となります。

このように、当然のことですが、はじめの軍資金が潤沢であればあるほど勝負で

◆マーチンゲール法で賭け続けると…

| | 賭け金 | 賭け金合計 |
|---|---|---|
| 1回目 | 100円 | 100円 |
| 2回目（1回負け） | 200円 | 300円 |
| 3回目（2回負け） | 400円 | 700円 |
| 4回目（3回負け） | 800円 | 1,500円 |
| 5回目（4回負け） | 1,600円 | 3,100円 |
| 6回目（5回負け） | 3,200円 | 6,300円 |
| 7回目（6回負け） | 6,400円 | 12,700円 |
| 8回目（7回負け） | 12,800円 | 25,500円 |
| 9回目（8回負け） | 25,600円 | 51,100円 |
| 10回目（9回負け） | 51,200円 | 102,300円 |
| 11回目（10回負け） | 102,400円 | 204,700円 |

きる回数は増え、逆に少なければ勝負できる回数は減っていきます。

さて、ここまで計算してみてわかることは、たとえ大きな軍資金を用意したとしても「はじめの賭け金から一〇〇円しか儲からない」ということです。

軍資金一〇万円を用意して儲けが一〇〇円では、とうてい魅力ある必勝法とはいえません。

ところが、実際のギャンブルのオッズは常に二倍ということはなく、種類によって二倍以下から、何十倍、何百倍まで変動します。

つまり、勝ったときのオッズが二倍ではなく一〇倍だとしたら、儲けは一〇〇円ではすまない大きな額になるということです。

例えば先の例で五回目に一六〇〇円を賭けてオッズが一〇倍だったとすれば「1万6000－3100＝1万2900（円）」の儲けになります。これならば実践してもよさそうです。

## 「マーチンゲール法」を実践

ということで、ここで一つの実例を紹介します。

某テレビ局の数学特集番組に私は出演しました。その番組では、まずは「マーチンゲール法」を解説、その後に本当に「マーチンゲール法」を競馬で試すという内容でした。

中山競馬場にアナウンサーが乗り込んで、単勝倍率二倍以上の時だけ馬券を買うというルールにして「一〇〇円」からスタート。つまり、前頁の表のように計算は進行していきました。

楽しみは最後に勝つ時のオッズです。結果は、一〇回連続で負けて一一回目に二・八倍の払い戻しで勝ちとなりました。儲けは「10万2400×2・8－20

万4700=8万2020（円）」です。

これは本当にうまくいきました。それではなぜ、「単勝倍率二倍以上」というルールにしたのかを考えてみましょう。

実際の競馬ではオッズは変動します。あなたが大金持ちで、大きな賭け金で二倍をちょっと超えたくらいの馬券を買ったとすれば、そのせいでオッズは下がり二倍を切ることだってあり得るのです。

もし、オッズが一・九倍の馬券を購入してしまったならば、勝ったとしても儲けは出なくなる場合が出てきます。

正確にオッズを見極めて「マーチンゲール法」を実践しようとするのは、それなりに高度な判断が要求されます。

## ハイリスク・〝あやふや〟リターン？

ということで、これが条件つき必勝法の「マーチンゲール法」です。

もし、競馬の「一日一二レース」のすべてに負けてしまうと、四〇万九五〇〇円を賭けることになります。それだけつぎ込んで勝った場合でも、オッズがどれだけ

◆続けるほどにお金はかかる！

| | 賭け金 | 賭け金合計 |
|---|---|---|
| 12回目（11回負け） | 204,800円 | 409,500円 |
| 13回目（12回負け） | 409,600円 | 819,100円 |
| 14回目（13回負け） | 819,200円 | 1,638,300円 |
| 15回目（14回負け） | 1,638,400円 | 3,276,700円 |
| 16回目（15回負け） | 3,276,800円 | 6,553,500円 |
| 17回目（16回負け） | 6,553,600円 | 13,107,100円 |

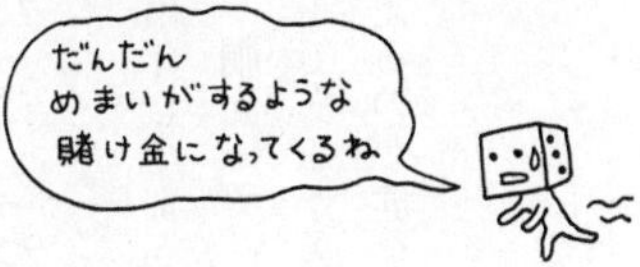
だんだん
めまいがするような
賭け金になってくるね

になるかわからないので、儲けがいくらになるかはわかりません。

何度も繰り返しますが、オッズがジャスト二倍であれば、賭け金が高くなっていても「ジャスト一〇〇円」の儲けにしかならないのです。ハイリスク・ローリターンですね。

もし一二回目のレースでオッズが二・一倍だったら、「20万4800×2・1−40万9500＝2万0580（円）」の儲けになり、三倍だったら二〇万四九〇〇円の儲けになります。

このようにオッズが上がれば、ハイリスク・ハイリターンですが、結局、

「マーチンゲール法」を競馬で実践するのは「ハイリスク・〝あやふや〟リターン」といえます。

それでも、競馬が好きな人は挑戦してみますか⁉

**たった一つの必勝法は…**

「マーチンゲール法」――それはリスクのある必勝法でした。もし、あなたがどうしても確実に儲けたいのならば、一つの方法があります。

それは胴元（ディーラー）になることです。「宝くじとカジノ、どちらが儲かる？」（二二頁参照）でも紹介したように、ギャンブルとは、トータルでみると「プレーヤーが必ず損をして、胴元（ディーラー）が必ず儲かるしくみ」です。

ギャンブルはプレーヤーであるかぎり、儲けようと思うよりも、お金を賭けて娯楽の時間を楽しむととらえるのが健全だということですね。

サイコロの丁半の確率は$\frac{1}{2}$

# 数学でモテる！・美人角

## モナリザはなぜ人を惹きつける？

映画『ローマの休日』で有名なオードリー・ヘップバーン。

いまなお輝きを放つ、不滅の美人女優です。

また、ハリウッドスターからモナコ公妃にまでなったグレース・ケリー。

そして、これまた美人で名高い悲劇の女優マリリン・モンロー。

さらには「微笑みのシンボル」といえる、レオナルド・ダ・ヴィンチによる名画「モナリザ」。

人々を惹きつけてやまない美人たちの顔にはある共通点が見つかります。それは、左右のまゆ尻と口角を結んだ二本の線が作る角度が四五度であるということです。

四五度には、何か秘密があるのでしょうか。

◆美人の条件「美人角」

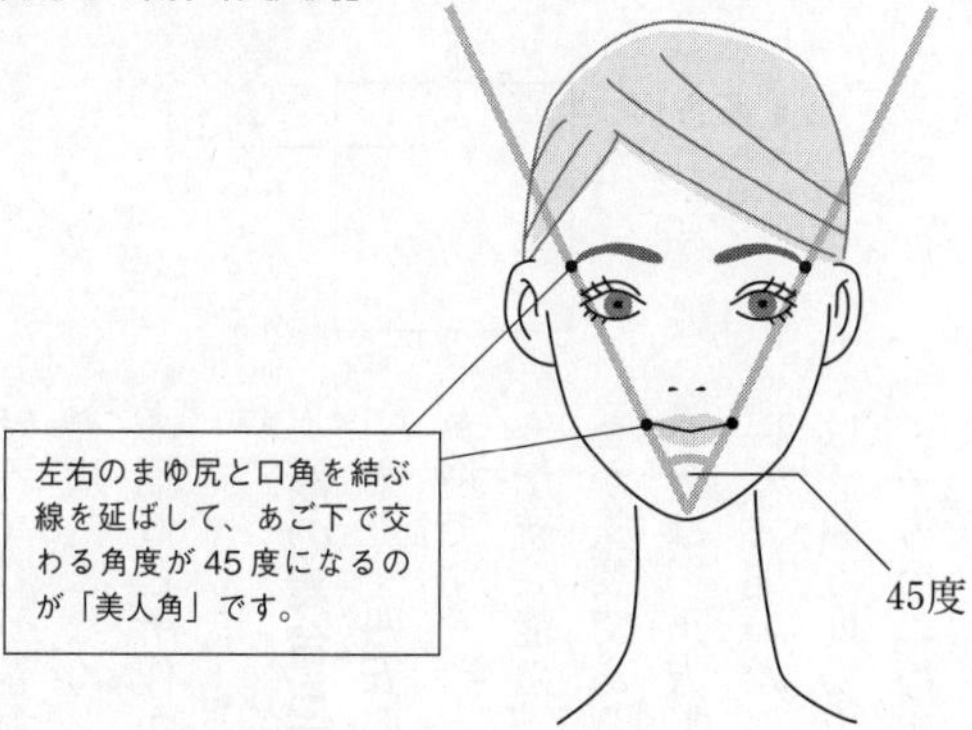
左右のまゆ尻と口角を結ぶ線を延ばして、あご下で交わる角度が45度になるのが「美人角」です。
45度

## 千利休は四五度が好き!?

この四五度を「美人角」と呼ぶことにしましょう。

じつは、美人角は「正方形」と「白銀比」に関係しています。

日本の建築は、山から伐《き》り出される丸太を正方形の角材に加工した材木が使われます。もっとも無駄が少なく、張りの強度が十分に大きい断面。それが正方形の特徴です。

その角材を使って作られる茶室には、多くの正方形が見られます。正方形は、日本文化の象徴である茶室に見られる様式美といえますね。

畳の配置、炉、座布団、ふすま、障子。

◆白銀比

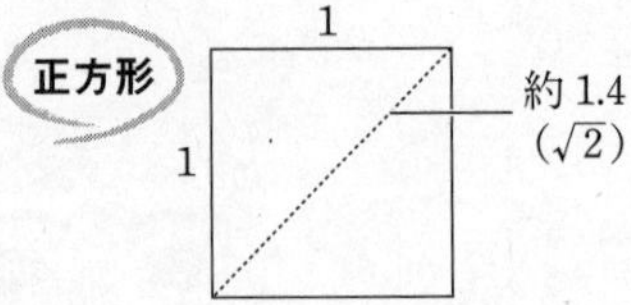


すべては、静寂を作りだすために選ばれた正方形です。無駄を徹底的になくした形である正方形。その中で、合理的な茶道具の配置と所作がデザインされた世界――それが茶道なのです。

## 能の舞台も四五度

また、四五度は正方形に対角線を引くことであらわれてくる角度です。

伝統芸能の一つである能は、その舞台が「正方形」であることが重要であるとされています。能の主人公を演じる役であるシテは、正方形の舞台上では常に対角線方向の動きを意識していると聞いたことがあります。つまり、幽玄の世界である能では、四五度の方向が意識されているということです。

一方の「白銀比」とは「1対$\sqrt{2}$の比」のことで、$\sqrt{2}$は「約1・4」です。「白銀比」は「正方形」に対角線を引くことであらわれます。

◆茶室には正方形がたくさん

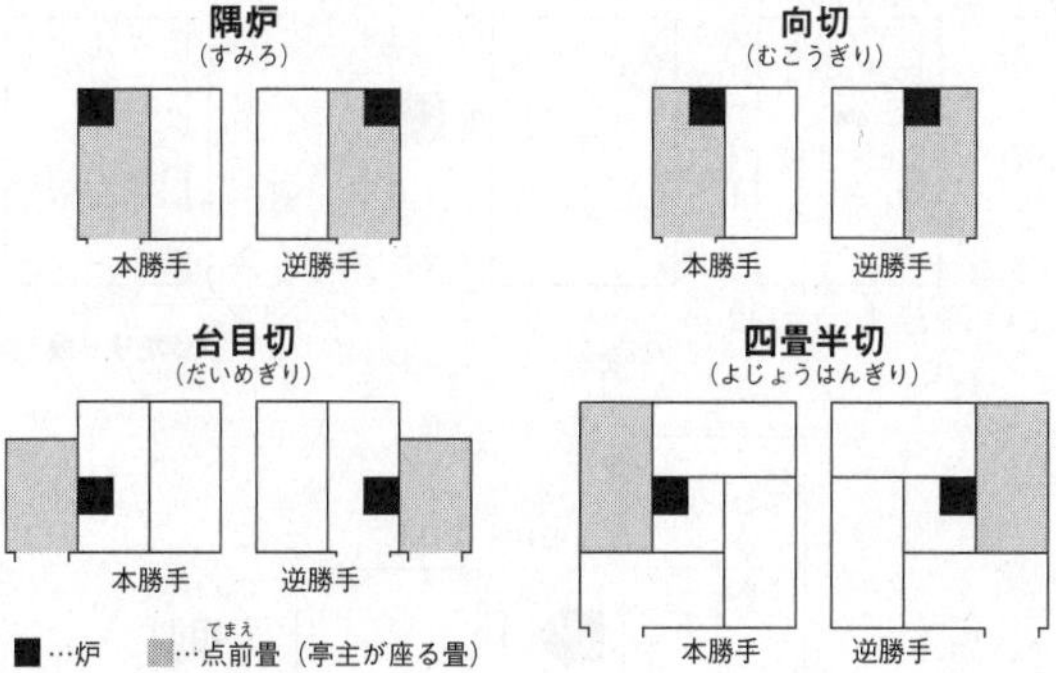


◆能の世界も 45 度

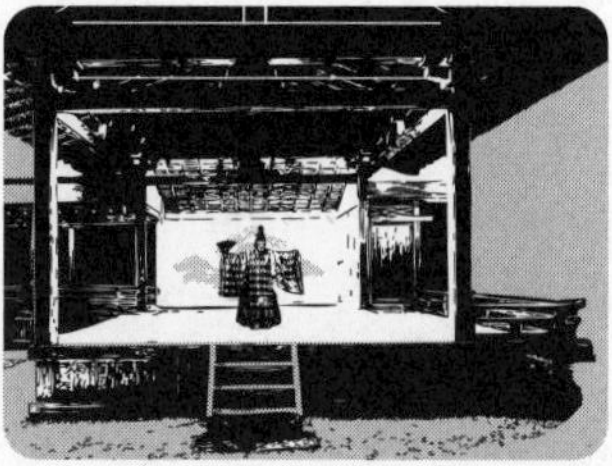

◆白銀比（$\sqrt{2}$＝1.41421356…）をコピー用紙で確かめる！

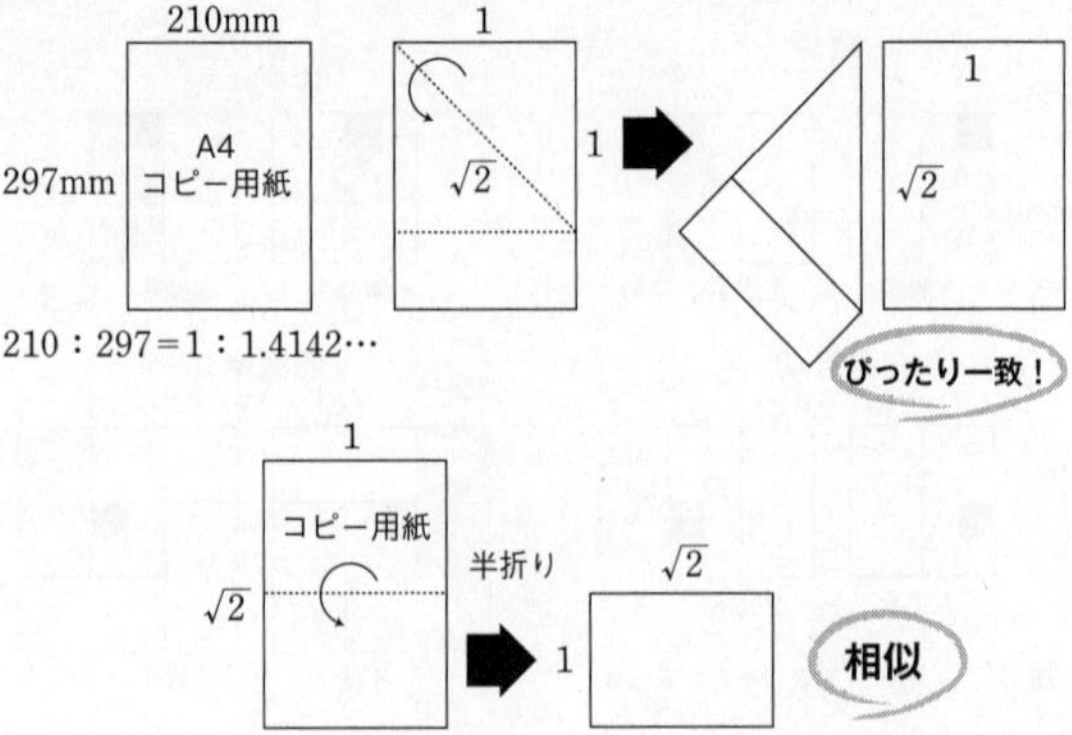


雪舟《せっしゅう》の水墨画や、菱川師宣《ひしかわもろのぶ》の「見返り美人図」にも白銀比はあらわれていて、ほぼ1対1・4。また、コピー用紙は縦横の比が白銀比なので「白銀長方形」です。

コピー用紙は半分に折っても元の長方形と同じ形になる性質（相似）があります。また、「白銀比」は正方形の一辺と対角線の比でもあります。

正方形の一辺と対角線がなす角度が四五度。四五度の直角二等辺三角形にはひみつがあります。

折り紙を想像してください。対角線で半分に折ると、四五度の直角二等辺三角形ができます。さらに半分に折ると、同じ形（相似）の直角二等辺三角形ができます。

◆無限に相似の三角形

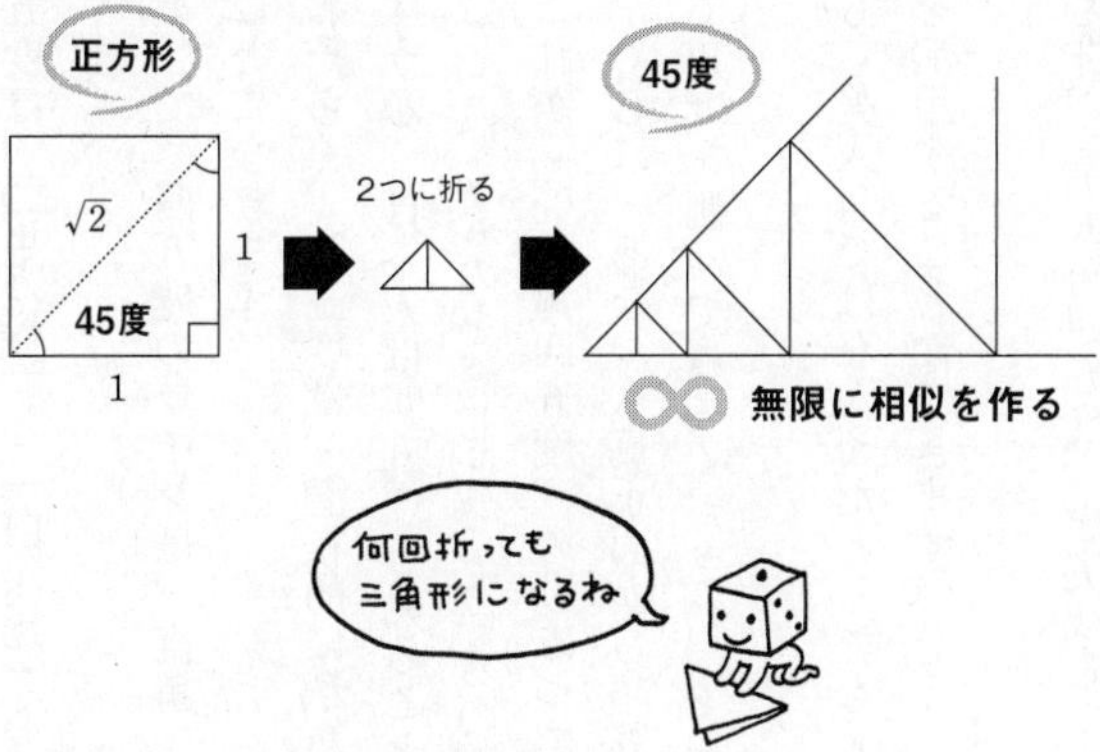


さらには、これを繰り返すと同じ直角二等辺三角形が次々に作られていきます。

つまり、無限に相似が作りだされるともいえるのです（紙で折る場合にはもちろん限界はあります）。

このように、四五度は正方形と「白銀比」を連想させ、さらには無限の相似へと結びつく角度です。

もしかしたら、茶の湯の世界を確立した千《せんの》利休《りきゅう》や、水墨画の世界に大きな功績を残した雪舟は、「四五度のひみつ」に気づいていたのかもしれませんね。

## 美人メイクは角度で決まる

女性の顔という美の表舞台にあらわれる

四五度は、「正方形」と「白銀比」を連想させて無駄のない美しさに通じることになります。

そして、四五度のラインは、直角二等辺三角形から無限につづく相似を連想させることになります。

おそらく、四五度は、潜在的に私たちの美意識に訴えかける角度なのではないでしょうか。日本人は四五度を見ることにより、無限に対する「美」、永遠に対する「美」というものを感じとっているのかもしれません。

これが「美人角四五度」のひみつです。

ためしに、あなたも真正面から顔写真を撮り、三二頁のように二本のラインを引いて角度を測ってみてください。さて、あなたは美人角の持ち主だったでしょうか。

もし美人角ではなかったとしても大丈夫。ある程度はお化粧という実践でこの理論を活用することができます。そう、まゆ毛のラインの長さを調整すればいいのです。

是非、「美人角四五度」を実践してみてください。

私は
まゆ毛がないから
美人角に
できない…
元気
出して

# 電卓でひみつの数当てマジック

## 電卓でできる楽しい手品

私たちにとって身近な存在である電卓。

この電卓を使った、誰にでもできる「数当てマジック」があることをご存じでしょうか。これから紹介しますので、まず、手元に一〇桁以上表示できる電卓を用意してください。

そして、あなたがマジックをかけたい相手に、次のように声をかけながら、STEPに従って数字と記号を打ち込んでもらいます。

STEP1　まず、「魔法を仕掛けるので、少しお待ちください」と言いながら、電卓に「１２３４５６７９」と打ち込みます。

STEP2 「×《かける》」を押した後に、「1から9までの中から、好きな数字（ひみつの数）を押して、その後に＝《イコール》を押してください」と声をかけて、電卓を渡します。

STEP3 相手が数字を打ち込んだら、電卓を返してもらいます。そして「あなたが選んだ数字を解読するための魔法を、もう一度施します」と言いながら、「×《かける》9＝《イコール》」を押してください。

STEP4 表示された数字を確認後、相手に電卓を示しながら、「あなたの選んだ数は○ですね」と「ひみつの数」を当てればいいのです。

それでは、どのようにしてSTEP4で「ひみつの数」を当てることができるのか、すべての手順を追ってみましょう。

STEP1 「12345679」と入力。

STEP2 相手が「7」を選んだとすると、「12345679×7＝86419753」と押す。

STEP3 「×《かける》9＝《イコール》」と押す。

◆やってみよう！　電卓マジック

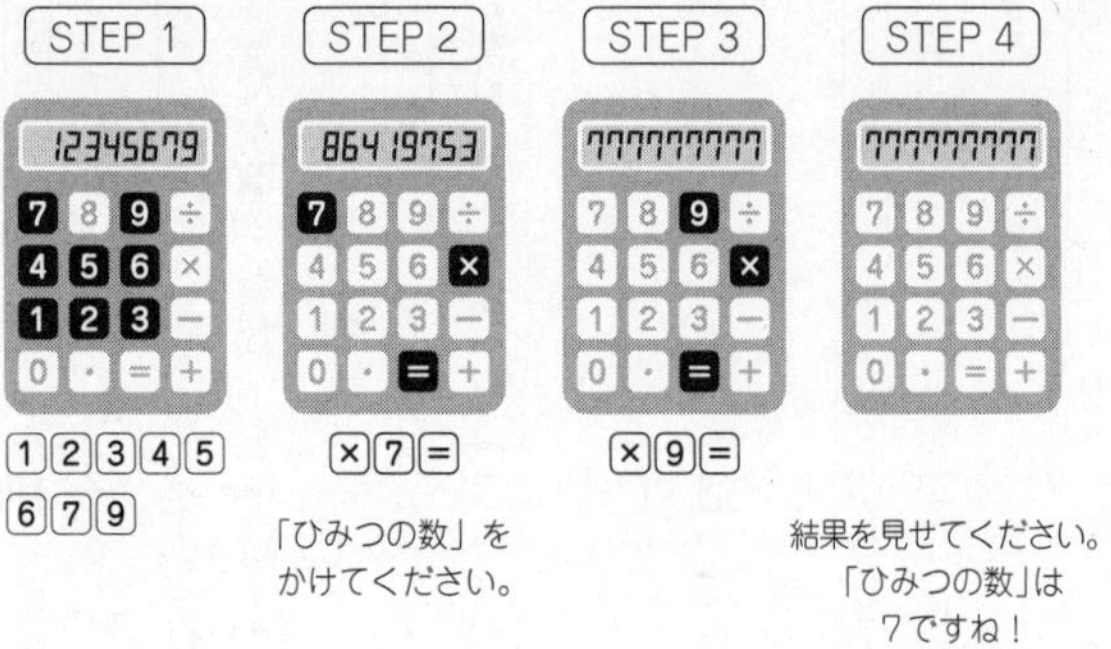


STEP4「777777777」が表示されます。

じつは、STEP4で「相手が選んだ数」が「九つ並んだ」状態で表示されているので、それを見たあなたは「選んだ数は7ですね」と、正解を答えればいいのです。

つまり、最後の結果を見ると、「ひみつの数」がわかるという仕掛けです。

それでは、この電卓マジックの種明かしをしてみましょう。

つまりは、STEP1からSTEP4までで「12345679×（ひみつの数）×9」を計算していることになるので

**◆電卓マジックの種明かし**

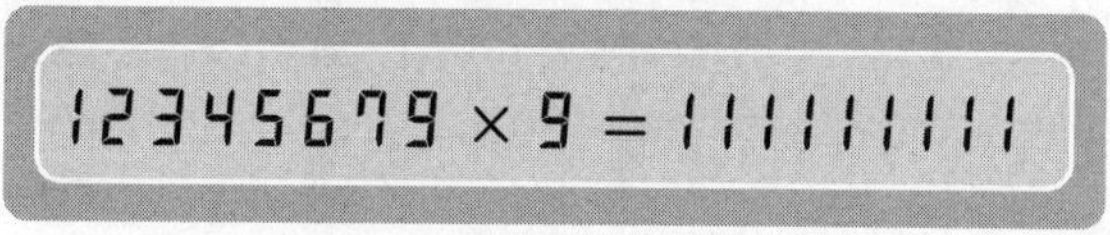

す。この計算は、順序を入れ替えると「12345679×9×（ひみつの数）」とすることができます。

かけ算「12345679×9」の答えは「111111111」ですね。つまり、「111111111×（ひみつの数）」となるので、答えは「ひみつの数が九つ並んだ数」となるわけです。

# 漢字の中にひそむ数字

## 長寿と漢字のふしぎな関係

八十八歳を「米寿《べいじゅ》」というように、日本では長寿のお祝いに「〇寿」という別名があります。例えば七十七歳は「喜寿《きじゅ》」、九十九歳は「白寿《はくじゅ》」といいます。

それぞれ、なぜそのように呼ばれるのでしょうか。ここに、「漢字の中にひそむ数字」を見つけ出す日本人独特の感性を見ることができます。

それでは、漢字の中の数字を探していきましょう。

八十八歳の「米寿」の「米」という漢字をばらばらに見てみます。そうすると、「八と十と八」という三つの数字からできていることが発見できました。だから、「八十八歳」は「米」寿です。

次に、七十七歳の「喜寿」の「喜」という漢字を見てください。「喜」は草書体（俗字）にすると「㐂」となります。「七十七」が見えますね。

◆漢字を分解すると…

**88歳＝米寿《べいじゅ》**

米 米 米
↓ ↓ ↓
八 十 八

◆草書体にひみつがある！①

**77歳＝喜寿《きじゅ》**

楷書体　草書体
喜＝㐂→七十七

九十九歳が「白寿」である理由は百歳の別名、「百寿《ももじゅ》」にヒントがあります。百という漢字の一画目の横棒を取ってみてください。すると、白という漢字が見えてきました。

式であらわしてみると次頁の図のような引き算になります。

## 漢字の引き算・足し算

漢字の中の数字は、これ以外にもたくさんあります。いくつか紹介しましょう。

八十歳は「傘寿《さんじゅ》」といいます。これは、「傘」の草書体が「仐」で、「八十」と見えるからです。

八十一歳は「半寿《はんじゅ》」または「盤寿《ばんじゅ》」とい

◆ふしぎな漢字計算①　99が生まれる引き算

**100歳＝百《もも》寿《じゆ》**

**99歳＝白《はく》寿《じゆ》**

**百 − 一 ＝ 白**

100 − 1 ＝ 99

◆草書体にひみつがある！②

**80歳＝傘《さん》寿《じゆ》**

| 楷書体 | | 草書体 |
| --- | --- | --- |
| 傘 | ＝ | 仐 |

仐 → 八

仐 → 十

◆漢字を分解すると…

**81歳＝半《はん》寿《じゆ》**

半　半　半

↓　↓　↓

八　十　一

◆草書体にひみつがある！③

**90歳＝卒寿《そつじゅ》**

楷書体 卒 ＝ 草書体 卆

卆 → 九
卆 → 十

◆ふしぎな漢字計算②　111が生まれる足し算

**111歳＝皇寿《こうじゅ》**

皇 皇 皇
↓ ↓ ↓
白 十 二
99 ＋ 10 ＋ 2 ＝ 111

います。「半」はよく見ると、「八」と「十」と「二」に分解することができます。

それでは、なぜ「盤寿」ともいうのでしょうか。

ヒントは将棋盤のマス目です。将棋は「9×9」マスの盤上で行われます。つまり「81」ですね。

九十歳は「卒寿《そつじゅ》」です。「卒」の草書体が「卆」で、分解すると「九十」に見えるからです。

百十一歳は「皇寿《こうじゅ》」です。「皇」を「白」と「王」に分けて考えます。「白」は、百という漢字の一画目の横棒を取って（引いて）いるので「100－1＝99」となり、「王」の中には「十」（10）と「二」

（2）が隠れているので、「99＋10＋2＝111」となるわけです。また「川寿《せんじゅ》」という言い方もあります。川という漢字は、「1」が三個横に並んでいるように見えるからです。

さらに、千一歳（人間の寿命では現実的にはありえませんが…）は「王寿《おうじゅ》」といいます。たしかに「王」という漢字は、「千」と「一」でできているように見えますね。

**漢字クイズ「茶寿の謎を解け」**

それでは最後に問題です。百八歳は「茶寿《ちゃじゅ》」といいます。なぜでしょうか。

ヒントは、「米寿」。

「茶」の部首の草かんむりは、四画で「卄」とも記します。つまり、「10＋10」で「20」です。そして、「茶」の草かんむりの下の部分は、「米」と同様に「八」と「十」と「八」でできているので「88」です。

それでは、「20＋88」は、いくつになりますか。「108」ですね。

◆ふしぎな漢字計算③　108が生まれる足し算

**108歳＝茶《ちゃ》寿《じゅ》**

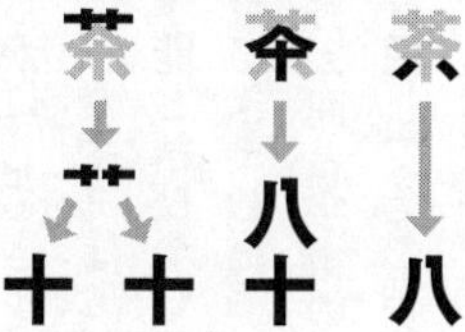


10 ＋ 10 ＋ 80 ＋ 8 ＝ 108

## 日本人の美意識が数字と出合った

ちなみに唱歌「茶摘み」では、「♪夏も近づく八十八夜」と茶摘みの様子をうたいます。ここでも、「茶」と「88」が関係しています。江戸の改暦の際に、八十八夜を暦に記載したのは、一説によると暦学者渋《しぶ》川《かわ》春海《しゅんかい》といわれています。

このように「○寿」という年齢の別名は、長寿を祝福する気持ちを表現する特別なものです。日本語だからこそできる数と漢字の素敵な合わせ技なのです。

みなさんも、数と漢字の合わせ技に挑戦してみてください。きっと、自分だけの「○寿」が見つかることでしょう。

# ニーチェやダ・ヴィンチも数学を愛した

## イコールというレールで数学は続く

私たちと数は、一筋縄ではいかない複雑な関係を持っています。

そしてその数たちが思いもよらない調和の関係にあることを、数学者は計算によって明らかにしてきました。

数が織りなすあまりに壮大な物語とそこに秘められた真実の姿は、美を欲する私たちの本能と結びついて、ここまで途切れることなく「イコールというレール」でつながってきました。

私たち人間と宇宙の間を数が結びつけている様子はまさしく美であり、神秘です。数を通してその神秘を感じることができることこそ、私たち人間の特権なのではないでしょうか。

## 数学に捧げられた名言の数々

その神秘に気がついた偉人たちは、数学に賞賛の言葉を捧げました。

**数学的な考え方を応用できないような学問や、数学と関係のない事柄に、確かなことは全くない。**

レオナルド・ダ・ヴィンチ
（学者、画家。一四五二～一五一九）

**これほど強力で魅力に富み、人間にとって有益な学問が、数学をおいて他にあろうか。**

ベンジャミン・フランクリン
（政治家、科学者。一七〇六～一七九〇）

**数学の繁栄と完成は国家の富と密接に結びついている。**

ナポレオン・ボナパルト
（フランス皇帝。一七六九～一八二一）

天文学は数学の力を借りてのみ、
発展することができる。

フリードリッヒ・エンゲルス
（思想家、革命家。一八二〇～一八九五）

数学を学ぶのは
不滅の神々に近づくことである。

プラトン
（古代ギリシアの哲学者。
B.C.四二七～B.C.三四七）

すべての科学に数学の鋭敏さと正確さをできるだけ取り入れたいものだ。そう思うのは、これによって物事がよりよくわかるからではなく、我々人間の物事に対する態度をしっかり定めたいためである。数学は人間の共通かつ根本的な認識のための手段に他ならない。

フリードリッヒ・ニーチェ
（ドイツの哲学者。一八四四～一九〇〇）

**観察のための限りなく小さな単位、すなわち歴史の微分としての、人々の同質な意欲の存在を仮定し、積分する技術を獲得した時に初めて、我々は歴史の法則を理解する期待を持てるのである。**

レフ・トルストイ
（ロシアの小説家。一八二八～一九一〇）

いかがでしょうか。数学は、その学問の中にとどまることなく、芸術家、哲学者、政治家など多くの偉人たちに「世界の真理」「世界の眺め方」を提示してきたのです。

## 栄光ある数学者たちの名言

それでは、締めくくりとして、その数学を生み出してきた数学者たちの言葉に耳を傾けてみましょう。

万物の根源は数なり。

ピタゴラス
（B.C.五七〇頃
〜B.C.四九六頃）

数学はただひたすら
人間精神への賞賛に奉仕している。

カール・ヤコビ
（一八〇四〜一八五一）

数学の本質は数式になく、数式が導き出される際に
助けとなる思考の過程にある。

エルマコフ
（一八四五〜一九二二）

数学とは普遍的で疑う余地のない技術である。

スミス
（一八五〇〜一九三四）

数学には、きわめて多くの象徴的な記号が用いられるために、難解でふしぎな学問だと考えられることが多い。たしかに、未知の記号ほどわかりにくいものはあるまい。また、部分的にしか意味がわからずに利用することにも馴れていない象徴的な記号は、注目してその跡を追うことさえむずかしいものである。（中略）しかし、これらの用語そのものがむずかしいからではない。むしろ逆に、それらはつねに話をわかりやすくするために導入されるのである。数学でも同じことで、数学の諸概念によくよく注意を向けるなら、記号はかならず大幅な簡略化のために役立つはずである。

ホワイトヘッド
（一八六一〜一九四七）

# 魔法みたいな「魔方陣」

## パズル？　それともマジック？

数学には、魔法ならぬ「魔方」が存在します。

これから紹介する「魔方陣」は、「n×n」のマス目に数字を入れて、縦、横、斜め、どの一列をとっても和が等しくなる摩訶不思議《まかふしぎ》な図形です。

西洋では「Magic Square（魔法の正方形）」と呼ばれています。

それでは、魔方陣の数々を見ていきましょう。

次頁の図をご覧ください。

◆「3×3」の魔方陣

| | | |
|---|---|---|
| 4 | 9 | 2 |
| 3 | 5 | 7 |
| 8 | 1 | 6 |

さて、わかりましたでしょうか？

そうですね、縦・横・斜めの和が「15」になっています。

それでは、実際に計算してみましょう。

まず、縦に足していきます。

2＋7＋6＝15

9＋5＋1＝15

4＋3＋8＝15

続いては、横に足してみます。

4＋9＋2＝15

3＋5＋7＝15

8＋1＋6＝15

◆「4 × 4」の魔方陣

| | | | |
|---|---|---|---|
| 16 | 3 | 2 | 13 |
| 5 | 10 | 11 | 8 |
| 9 | 6 | 7 | 12 |
| 4 | 15 | 14 | 1 |

最後に、斜めに足してみます。

4＋5＋6＝15

2＋5＋8＝15

さて、いずれも和が「15」になりました。無数の数の組み合わせが一つの形として結実した神秘的なもの、これが魔方陣です。

## どこまで足せる？ 驚きの魔方陣

それでは、続いて「4×4」の魔方陣を紹介します。

今度は、縦、横、斜めの和は「34」になります。少し難しいので、すべて図に示してみます。

### ◆「4×4」の魔方陣　横に足す

| | | | |
|---|---|---|---|
| 16 | 3 | 2 | 13 |
| 5 | 10 | 11 | 8 |
| 9 | 6 | 7 | 12 |
| 4 | 15 | 14 | 1 |

16＋3＋2＋13＝34
5＋10＋11＋8＝34
9＋6＋7＋12＝34
4＋15＋14＋1＝34

### ◆「4×4」の魔方陣　縦に足す

| | | | |
|---|---|---|---|
| 16 | 3 | 2 | 13 |
| 5 | 10 | 11 | 8 |
| 9 | 6 | 7 | 12 |
| 4 | 15 | 14 | 1 |

13＋8＋12＋1＝34
2＋11＋7＋14＝34
3＋10＋6＋15＝34
16＋5＋9＋4＝34

### ◆「4×4」の魔方陣　斜めに足す

| | | | |
|---|---|---|---|
| 16 | 3 | 2 | 13 |
| 5 | 10 | 11 | 8 |
| 9 | 6 | 7 | 12 |
| 4 | 15 | 14 | 1 |

16＋10＋7＋1＝34
13＋11＋6＋4＝34

### ◆「4×4」の魔方陣　2×2の固まりで足す

| | | | |
|---|---|---|---|
| 16 | 3 | 2 | 13 |
| 5 | 10 | 11 | 8 |
| 9 | 6 | 7 | 12 |
| 4 | 15 | 14 | 1 |

16＋3＋5＋10＝34
2＋13＋11＋8＝34
9＋6＋4＋15＝34
7＋12＋14＋1＝34

### ◆「4×4」の魔方陣　まだまだある！　34になる足し方

| | | | |
|---|---|---|---|
| 16 | 3 | 2 | 13 |
| 5 | 10 | 11 | 8 |
| 9 | 6 | 7 | 12 |
| 4 | 15 | 14 | 1 |

16＋13＋4＋1＝34
10＋11＋6＋7＝34

| | | | |
|---|---|---|---|
| 16 | 3 | 2 | 13 |
| 5 | 10 | 11 | 8 |
| 9 | 6 | 7 | 12 |
| 4 | 15 | 14 | 1 |

3＋2＋15＋14＝34
5＋8＋9＋12＝34

| | | | |
|---|---|---|---|
| 16 | 3 | 2 | 13 |
| 5 | 10 | 11 | 8 |
| 9 | 6 | 7 | 12 |
| 4 | 15 | 14 | 1 |

16＋2＋9＋7＝34
10＋8＋15＋1＝34

| | | | |
|---|---|---|---|
| 16 | 3 | 2 | 13 |
| 5 | 10 | 11 | 8 |
| 9 | 6 | 7 | 12 |
| 4 | 15 | 14 | 1 |

3＋13＋6＋12＝34
5＋11＋4＋14＝34

◆この魔方陣、どこがすごい？

| | | | |
|---|---|---|---|
| 14 | 7 | 2 | 11 |
| 1 | 12 | 13 | 8 |
| 15 | 6 | 3 | 10 |
| 4 | 9 | 16 | 5 |

これだけではありません。

さらに、「34」になる場所はたくさんあります。このようにやむことのない驚きを提供してくれるのが、魔方陣の特徴です。

続いては、もっとすごい魔方陣の登場です。

上図は、ぱっと見ると、これまでと同様に思えますが、じつは、通常の斜めに加えて、次頁で示しているような斜めの和も同じになるのです。このような魔方陣を「完全魔方陣」といいます。

**円にも六角にもなる！**

また、円陣による魔方陣を魔円陣といいます。

### ◆「完全魔方陣」は、こんな足し方もできる！

| | | | |
|---|---|---|---|
| 14 | 7 | 2 | 11 |
| 1 | 12 | 13 | 8 |
| 15 | 6 | 3 | 10 |
| 4 | 9 | 16 | 5 |

14＋12＋3＋5＝34
11＋13＋6＋4＝34

| | | | |
|---|---|---|---|
| 14 | 7 | 2 | 11 |
| 1 | 12 | 13 | 8 |
| 15 | 6 | 3 | 10 |
| 4 | 9 | 16 | 5 |

1＋7＋16＋10＝34
2＋8＋15＋9＝34

| | | | |
|---|---|---|---|
| 14 | 7 | 2 | 11 |
| 1 | 12 | 13 | 8 |
| 15 | 6 | 3 | 10 |
| 4 | 9 | 16 | 5 |

7＋13＋10＋4＝34
16＋6＋1＋11＝34

| | | | |
|---|---|---|---|
| 14 | 7 | 2 | 11 |
| 1 | 12 | 13 | 8 |
| 15 | 6 | 3 | 10 |
| 4 | 9 | 16 | 5 |

2＋12＋15＋5＝34
9＋3＋8＋14＝34

| | | | |
|---|---|---|---|
| 14 | 7 | 2 | 11 |
| 1 | 12 | 13 | 8 |
| 15 | 6 | 3 | 10 |
| 4 | 9 | 16 | 5 |

14＋2＋15＋3＝34
12＋8＋9＋5＝34

| | | | |
|---|---|---|---|
| 14 | 7 | 2 | 11 |
| 1 | 12 | 13 | 8 |
| 15 | 6 | 3 | 10 |
| 4 | 9 | 16 | 5 |

7＋11＋6＋10＝34
1＋13＋4＋16＝34

| | | | |
|---|---|---|---|
| 14 | 7 | 2 | 11 |
| 1 | 12 | 13 | 8 |
| 15 | 6 | 3 | 10 |
| 4 | 9 | 16 | 5 |

14＋7＋1＋12＝34
15＋6＋4＋9＝34
2＋11＋13＋8＝34
3＋10＋16＋5＝34

| | | | |
|---|---|---|---|
| 14 | 7 | 2 | 11 |
| 1 | 12 | 13 | 8 |
| 15 | 6 | 3 | 10 |
| 4 | 9 | 16 | 5 |

14＋11＋4＋5＝34
12＋13＋6＋3＝34
7＋2＋9＋16＝34
1＋8＋15＋10＝34

◆魔円陣による魔方陣を完成させよう

〔問題〕○に入る数字は？

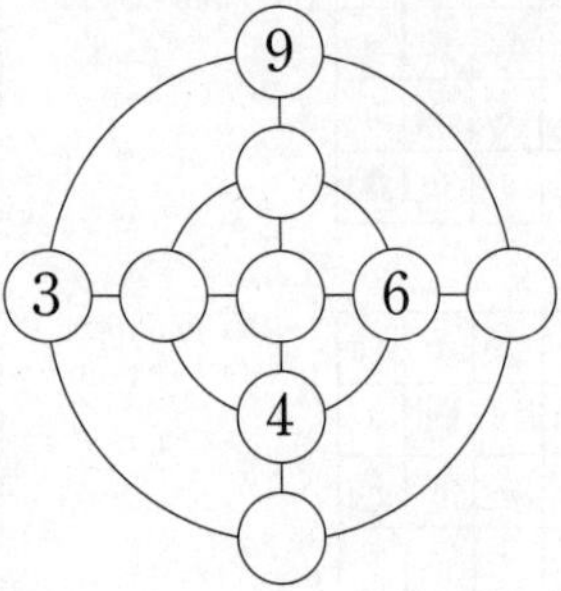


〔答え〕

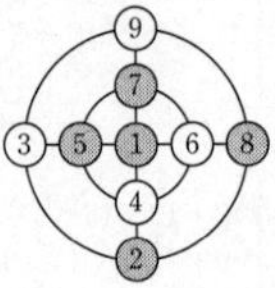


周　9＋8＋2＋3＝22
　　7＋6＋4＋5＝22
直径　9＋7＋1＋4＋2＝23
　　3＋5＋1＋6＋8＝23

円周と直径の交わる部分に数字を入れるというものです。「1」を真ん中に配置して、ぐるりと連なったどの「周」にある数の和も、どの「直径」にある数の和も等しくなるようにします。

さて、「1、2、5、7、8」の数を入れて上図の魔円陣を完成させてください。

それでは答えです。

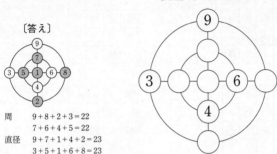

「1」を真ん中において、小さい数字と大きい数字を順に組み合わせます。つまり、残りは「2と9」「3と8」「4と7」「5と6」の組で配置すればよいのです。周の和は「22」、直径の和は「23」になります。

さらには、六角でも成立する「魔六角陣」という魔方陣もあります。次頁の上図

## ◆魔六角陣

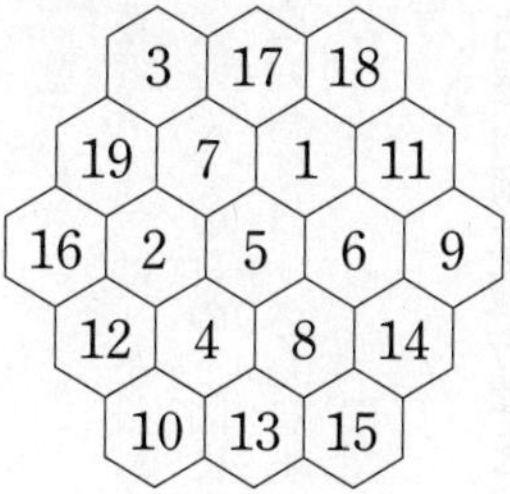


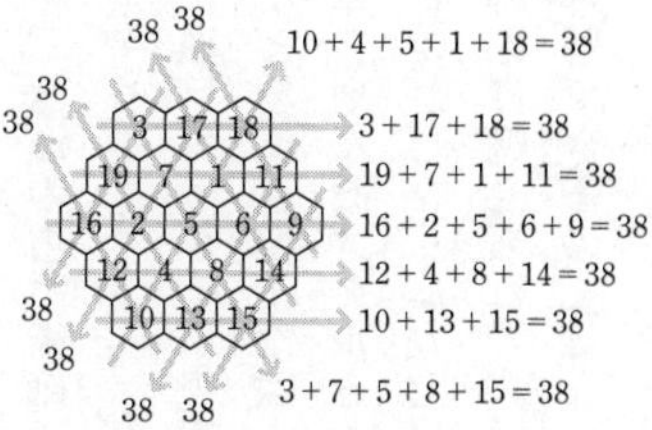


## ◆魔六角陣アラカルト

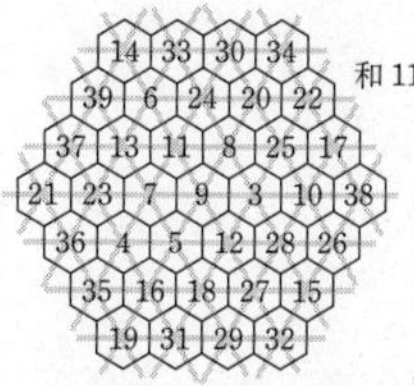


和 111

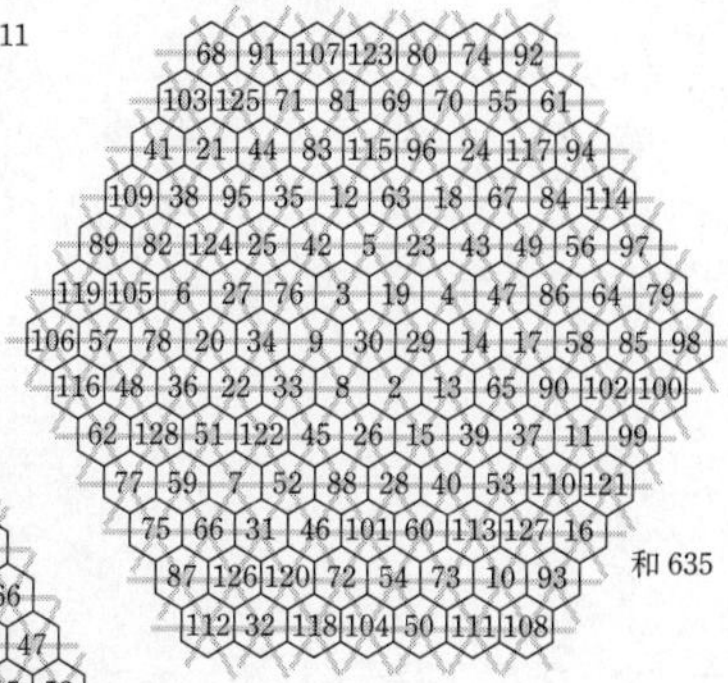


和 635

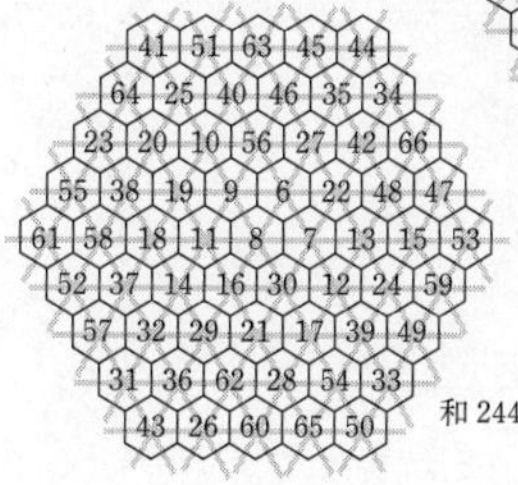


和 244

をご覧ください。

「魔六角陣」は、左斜め・右斜め・横のいずれの方向の和も等しくなります。

続いて、前頁の下図にもご注目ください。

魔六角陣は、さらにあるのです。

ここまでくると、確認するだけで大変ですね。

## 占星術師は魔方陣をお守りに

十六世紀、西洋の占星術師たちは、ユダヤ教の神秘主義の一つであるカバラ（数秘術）を信奉していました。数秘術は、生年月日や名前などさまざまなものを数に置き換え、独自の計算で未来を占うものですが、彼らは、次頁の図のような「惑星や衛星」などを置き換えた数（土星は15、火星は65など）を元にした魔方陣を作り、この魔方陣を刻んだメダルをお守りにしていました。

魔術を必要としなくなった現代ですが、魔方陣にはどこか神秘的なものを感じます。数の神秘に魅せられた当時の人々が、魔方陣をお守りにしていた気持ちは、みなさんも理解できるのではないでしょうか。

## ◆占星術師たちの魔方陣

**土星＝15**

| | | |
|---|---|---|
| 4 | 9 | 2 |
| 3 | 5 | 7 |
| 8 | 1 | 6 |

**木星＝34**

| | | | |
|---|---|---|---|
| 4 | 14 | 15 | 1 |
| 9 | 7 | 6 | 12 |
| 5 | 11 | 10 | 8 |
| 16 | 2 | 3 | 13 |

**火星＝65**

| | | | | |
|---|---|---|---|---|
| 11 | 24 | 7 | 20 | 3 |
| 4 | 12 | 25 | 8 | 16 |
| 17 | 5 | 13 | 21 | 9 |
| 10 | 18 | 1 | 14 | 22 |
| 23 | 6 | 19 | 2 | 15 |

**太陽＝111**

| | | | | | |
|---|---|---|---|---|---|
| 6 | 32 | 3 | 34 | 35 | 1 |
| 7 | 11 | 27 | 28 | 8 | 30 |
| 19 | 14 | 16 | 15 | 23 | 24 |
| 18 | 20 | 22 | 21 | 17 | 13 |
| 25 | 29 | 10 | 9 | 26 | 12 |
| 36 | 5 | 33 | 4 | 2 | 31 |

**金星＝175**

| | | | | | | |
|---|---|---|---|---|---|---|
| 22 | 47 | 16 | 41 | 10 | 35 | 4 |
| 5 | 23 | 48 | 17 | 42 | 11 | 29 |
| 30 | 6 | 24 | 49 | 18 | 36 | 12 |
| 13 | 31 | 7 | 25 | 43 | 19 | 37 |
| 38 | 14 | 32 | 1 | 26 | 44 | 20 |
| 21 | 39 | 8 | 33 | 2 | 27 | 45 |
| 46 | 15 | 40 | 9 | 34 | 3 | 28 |

**水星＝260**

| | | | | | | | |
|---|---|---|---|---|---|---|---|
| 8 | 58 | 59 | 5 | 4 | 62 | 63 | 1 |
| 49 | 15 | 14 | 52 | 53 | 11 | 10 | 56 |
| 41 | 23 | 22 | 44 | 45 | 19 | 18 | 48 |
| 32 | 34 | 35 | 29 | 28 | 38 | 39 | 25 |
| 40 | 26 | 27 | 37 | 36 | 30 | 31 | 33 |
| 17 | 47 | 46 | 20 | 21 | 43 | 42 | 24 |
| 9 | 55 | 54 | 12 | 13 | 51 | 50 | 16 |
| 64 | 2 | 3 | 61 | 60 | 6 | 7 | 57 |

**月＝369**

| | | | | | | | | |
|---|---|---|---|---|---|---|---|---|
| 37 | 78 | 29 | 70 | 21 | 62 | 13 | 54 | 5 |
| 6 | 38 | 79 | 30 | 71 | 22 | 63 | 14 | 46 |
| 47 | 7 | 39 | 80 | 31 | 72 | 23 | 55 | 15 |
| 16 | 48 | 8 | 40 | 81 | 32 | 64 | 24 | 56 |
| 57 | 17 | 49 | 9 | 41 | 73 | 33 | 65 | 25 |
| 26 | 58 | 18 | 50 | 1 | 42 | 74 | 34 | 66 |
| 67 | 27 | 59 | 10 | 51 | 2 | 43 | 75 | 35 |
| 36 | 68 | 19 | 60 | 11 | 52 | 3 | 44 | 76 |
| 77 | 28 | 69 | 20 | 61 | 12 | 53 | 4 | 45 |

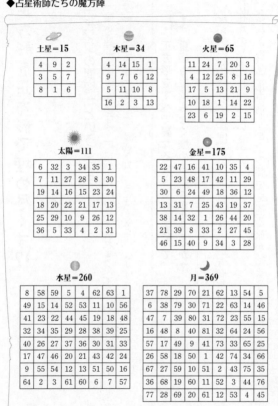

# 正方形を正方形で埋め尽くす!?

## 「ルジンの問題」というミステリー

「魔方陣（Magic Square）」に続いては、これまた不思議な「正方形分割された正方形（Squared Square）」を紹介します。さて、まずは問題です。

**Q. 正方形をすべて異なる大きさの正方形で、重複も隙間もなく埋めることができるか？**

「ルジンの問題」とも呼ばれるこの問題は、正方形がいかに美しく、そして難しい存在なのかを物語っています。

これから、「正方形分割」の歴史を巡る旅が始まりますが、解説を読まずに絵を眺めていくだけでも、その魅力は十分に感じてもらえるはずです。

## とある女性の宝物

一九〇二年に出版されたヘンリー・デュドニー（一八五七〜一九三〇）の『カンタベリー・パズル』には一一四個のパズルが紹介されています。その四〇番目に出てくるのが「イザベル夫人の小箱（Lady Isabel's Casket）」という問題です。

イザベル夫人という女性の宝物は、木で細工された小箱でした。

その小箱は正方形でできており、さらには、その中も正方形で仕切られているというものです。ただし、「小箱の中には細長い黄金の細片（10インチ×1/4インチ）が入っている」という制限がついていました。

さて、問題は、それはどういう形をした小箱であるかということです。

それでは、解答を見てみましょう。

それが、次頁の図となります。一辺が二〇インチの正方形の内部が、すべて異なる大きさの正方形で分割されています。

そして、真ん中部分には10インチ×1/4インチの長方形が確認できます。

◆「イザベル夫人の小箱」

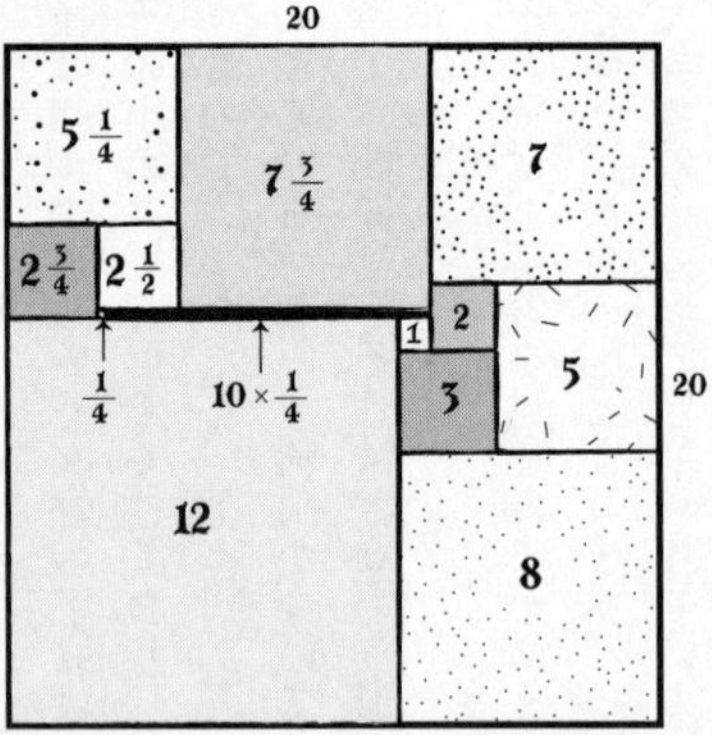


※ ━━━━ 部分が黄金の細片

デュドニーは、このパズルは「細長い黄金の細片」という「制限」があるからこそ解けるのであり、「制限なし」にすべてを異なる正方形で埋め尽くすことは不可能であると述べました。

本当に「すべてを異なる正方形で埋め尽くすこと」はできないのでしょうか？

この謎に多くの人々が挑戦しました。

一九〇三年に、ドイツのマックス・デーン（一八七八～一九五二）が次の定理証明をしました。

「長方形の辺の長さの比が有理数であることは、その長方形が正方形分割できるための必要十分条件である」

この定理が、後に解決の大きな突破口

になろうとはデーン自身も気づきませんでした。

一九〇七年には、アメリカのサム・ロイド（一八四一～一九一一）により次の正方形分割が発見されました。次頁の上図をご覧ください。「同じ大きさの正方形」が含まれているので、まだ〝不完全〟正方形分割正方形でした。

続いて一九二五年、ポーランドのズビグニュー・モロン（一九〇四～一九七一）は次頁の下図のような「正方形分割」を発表します。

これで「完全正方形分割」は成功したのでしょうか。

たしかに、「モロンの正方形分割」は九つの正方形すべての大きさが異なっていますね。しかし、縦の長さが「32」、横の長さが「33」となるので、これはあくまでも「完全正方形分割〝長方形〟」です。

さて、正方形分割の世界には、有名な日本人がいます。それは〝Ａｂｅ〟こと安部道雄氏です。

彼は、正方形の「完全正方形分割」ができるかどうかすらわかっていなかった一九三一年に、注目すべき研究を行いました。

◆ロイドによる“不完全”正方形分割正方形
（同じ大きさの正方形を含んでいる）

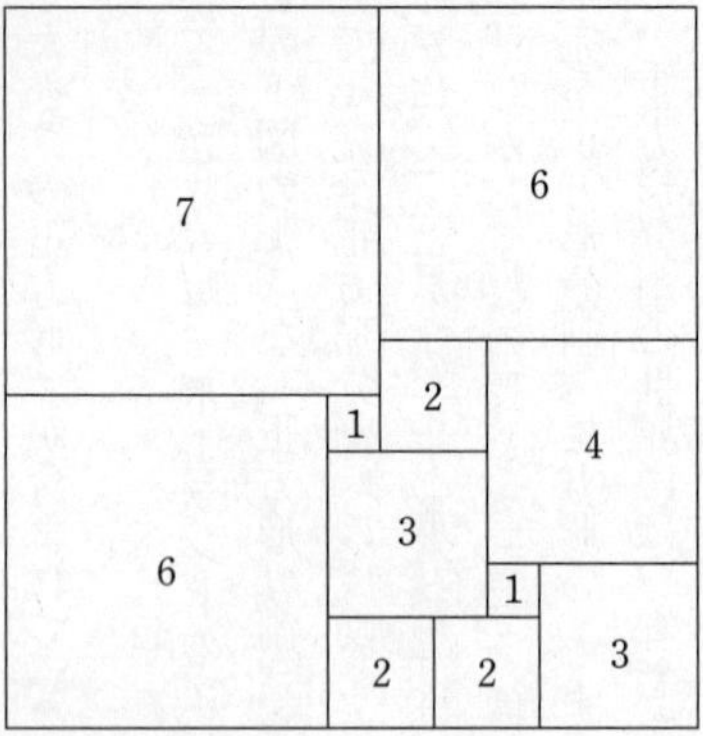


◆モロンによる完全正方形分割“長方形”

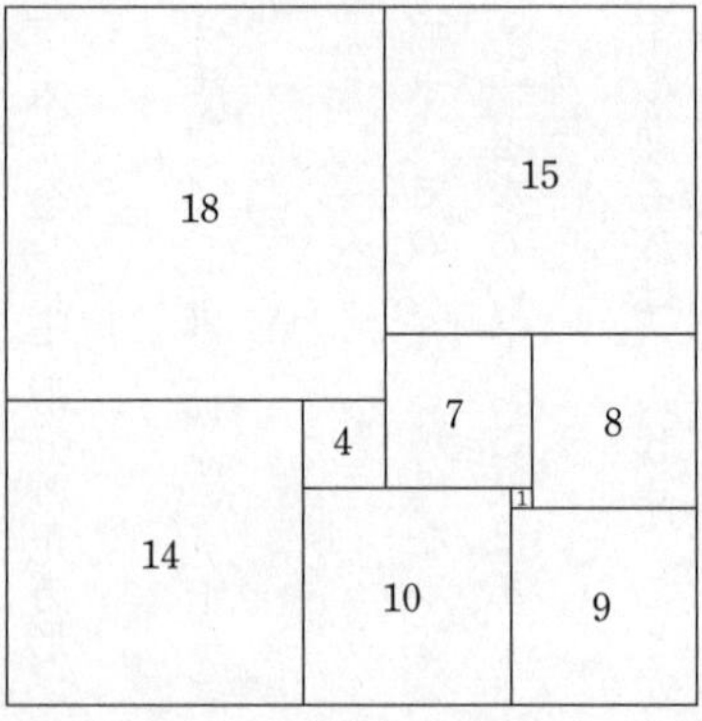

◆スプレーグによる“複合”完全正方形分割正方形
（55個、一辺4205）

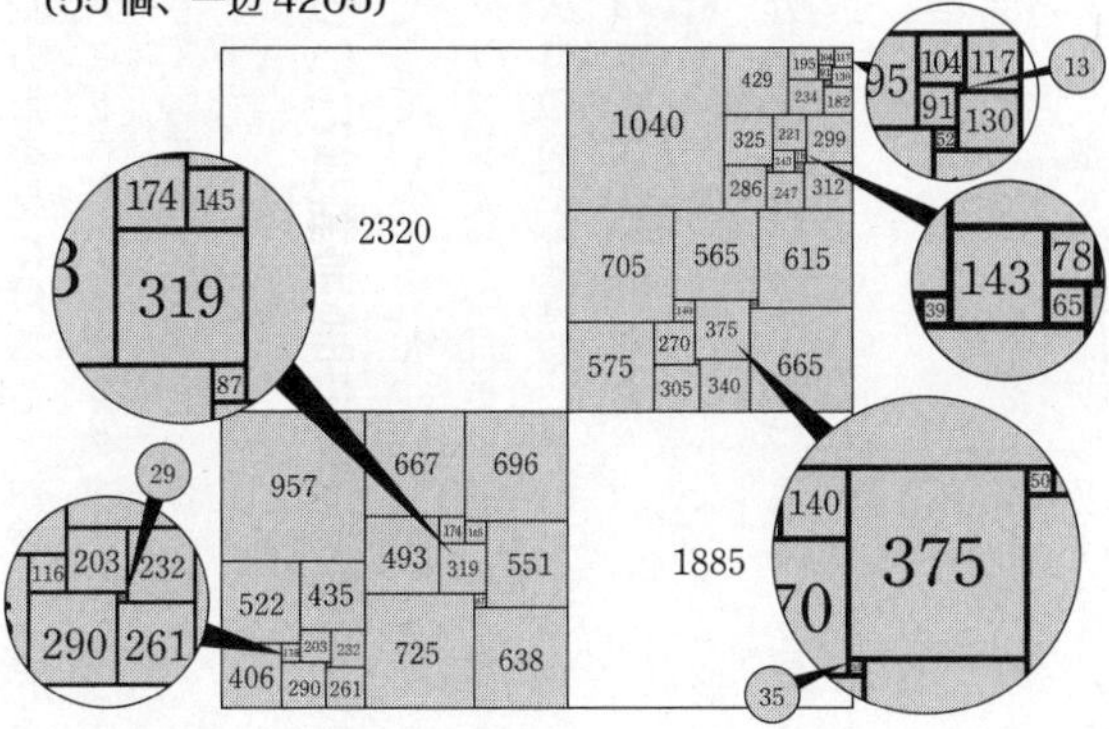


長方形の正方形分割には「九つの正方形」が必要であること、そして異なる正方形で埋められる正方形に近い長方形が存在することを明らかにしたのです。

そして一九三八年には、ドイツのスプレーグ（一八九四～一九六七）が〝複合〟完全正方形分割正方形を発見します。これは、一辺が四二〇五の正方形が、すべて異なる五五個の正方形で埋め尽くされています。

スプレーグの発見は、これまで不可能とされていた「正方形をすべて異なる大きさの正方形で埋め尽くす」ことに成功した記念すべき最初の例です。

しかし、これは正方形の中に二つの大き

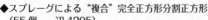

な長方形を見つけることができてしまう〝複合〟完全正方形分割正方形です。デュドニーが『カンタベリー・パズル』の問題で述べた「制限」を完全には解消できていません。あと一歩の答えでした。

## ついに単純完全正方形分割正方形を発見！

そして一九三九年、「制限」をクリアした「単純完全正方形分割正方形」が、ケンブリッジ大学のロナルド・ブルックスによって発見されました。

次頁の図をご覧ください。一辺が「４９２０」の正方形が、「38個」の正方形で埋め尽くされています。

スプレーグの図のような「長方形」も含まれていません。これを「単純完全正方形分割正方形（Simple Perfect Squared Square）」と呼びます。

そして、ここから堰《せき》を切ったように「単純完全正方形分割正方形」が発見されていきました。

その大きなブレイクスルーは、ブルックスを含むケンブリッジ大学の四人の学生により、立て続けに成し遂げられたのです。

**◆ブルックスによる単純完全正方形分割正方形（38個、一辺4920）**

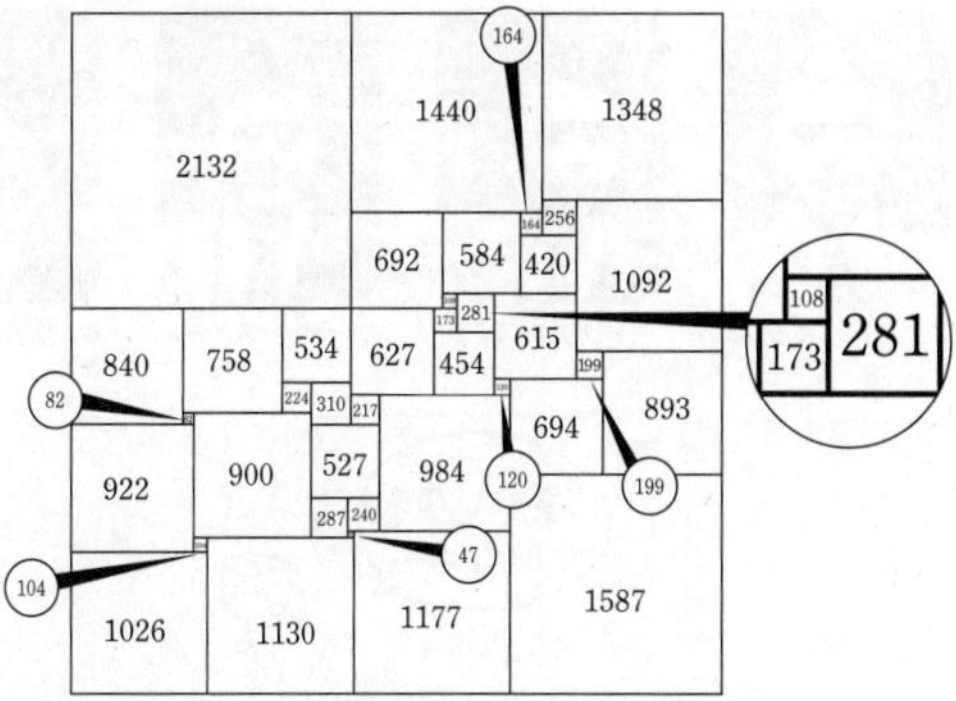


ブルックスに、セドリック・スミス、アーサー・ストーン、ウィリアム・テュッテ。彼らは、一九〇三年のデーンの結果を研究し、電気回路を使って問題を解くという画期的な解法を見つけ出したのです。彼ら優秀な大学生四人組は、「電気」という「魔法」を、正方形にかけることを思いついたのです。

この「魔法」によって、これまで絶望視されていた「正方形の謎」が突然解け始めます。七三頁の図のように、彼らが見つけ出した「単純完全正方形分割正方形」は、一辺が「５４６８」で、「55個」の正方形で埋め尽くされたものでした。

ここまでくれば、残された問題は〝最小

◆ブレイクスルーを果たしたケンブリッジ大学の4人
"The Trinity Four"

ロナルド・ブルックス　セドリック・スミス　アーサー・ストーン　ウィリアム・テュッテ

の〝単純完全正方形分割正方形〟になります。

彼らは、電気回路を使った方法で、次頁の下図の「26個による解」も見つけました。

そして一九七八年には、七四頁の図のように「21個による解」が、オランダのデュイベスチジン（一九二七〜一九九八）によって発見され、同時にこれが最小であることの証明もなされたのです。

こうして、一九〇二年に始まった「正方形分割正方形問題」は七十年以上をかけて、一つの解決をみたことになります。

デュドニーは『カンタベリー・パズル』の問題の最後で、「これは〝パズル〟〝プロブレム〟〝エニグマ〟といった言葉ではあ

◆「4人組」による単純完全正方形分割正方形
（55個、一辺5468）

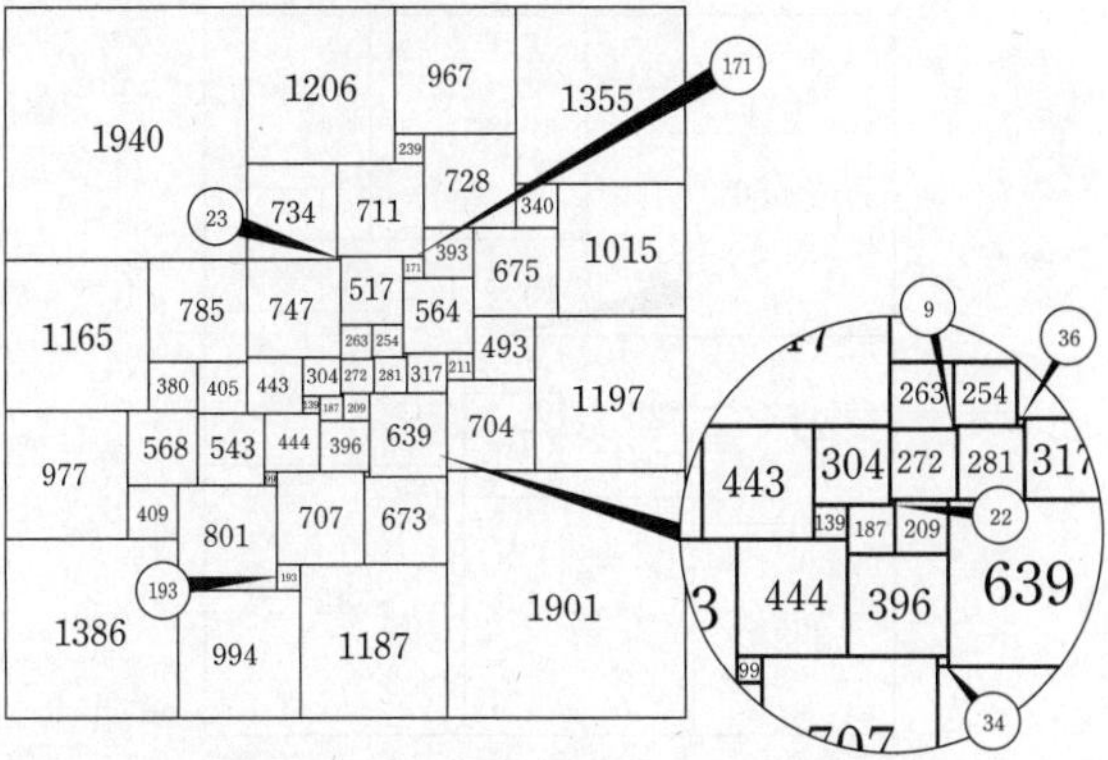


◆同じく「4人組」による“複合”完全正方形分割正方形
（26個、一辺608）

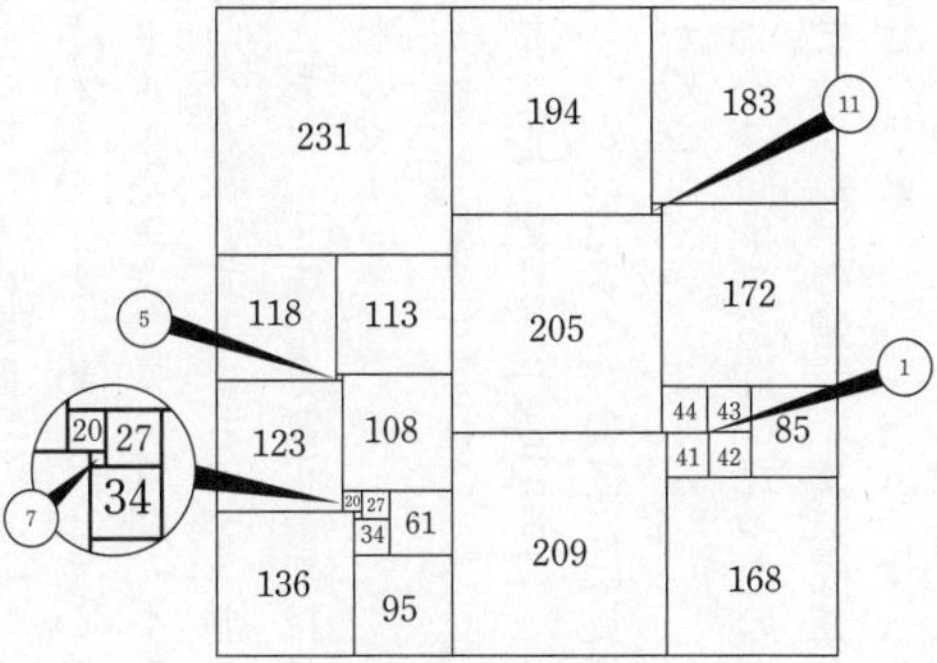

◆デュイベスチジンによる"最小"単純完全正方形分割正方形
(21個、一辺112)

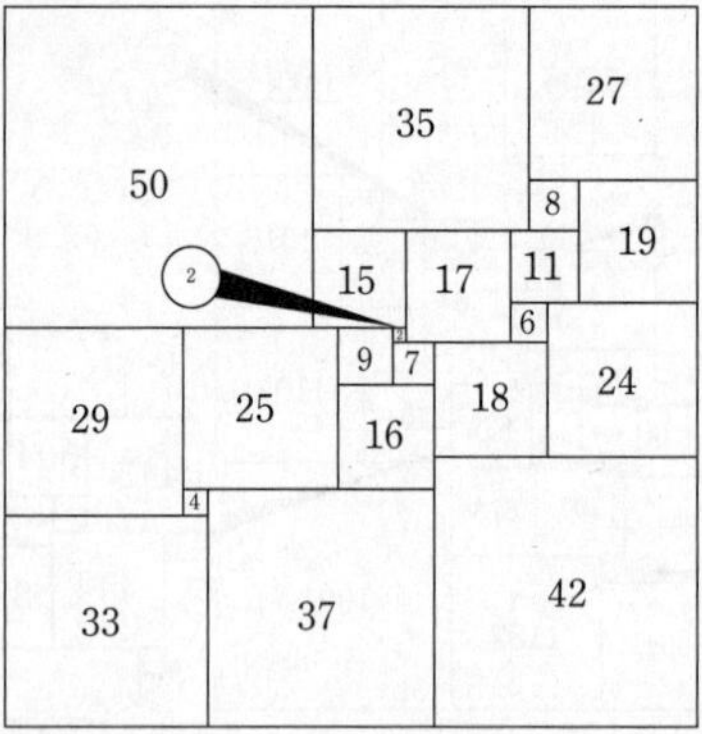


らわせないほどの難問〝リドル〟と呼ぶにふさわしい」としめくくっています。「リドル（riddle）」とは難問、不可解な謎という意味です。まさにデュドニーのいうとおり、正方形分割正方形はリドルだったのです。

「魔方陣（Magic Square）」と「正方形分割正方形（Squared Square）」。正方形にとりつかれた者たちの後には見事な正方形が残されていきました。

はじめは簡単なお遊びだったのが、いつのまにか数学の難問にまで成長してしまったのです。

## 最終定理に隠された正方形の神秘

**◆ピタゴラスの定理とフェルマーの最終定理**

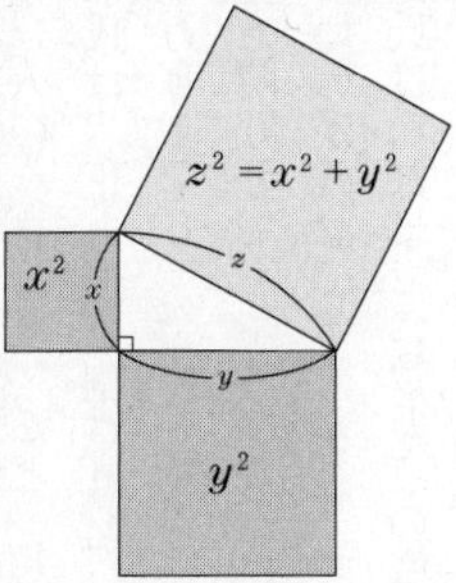


**ピタゴラスの定理**
**（三平方の定理）**

**フェルマーの最終定理**
nが3以上の自然数のとき、
$x^n + y^n = z^n$ を満たす
自然数 $x, y, z$ は存在しない。

世界中で、アマチュアからプロまでが「正方形分割正方形」に熱狂する様子は、フェルマーの最終定理を思い出させます。面白いことにフェルマーの最終定理において、はじめに目にする形は、直角二等辺三角形の周りにできる正方形でした。

私たちをディープな数学に誘うもの。

それは、魔性の形――正方形なのかもしれません。

## 「正方形分割魔方陣」

最後に魔方陣の超人を紹介します。

デゥイベスチジンによる「〝最小〟単純完全正方形分割正方形」は「112×112」の正方形を「21個」の正方形で埋め尽

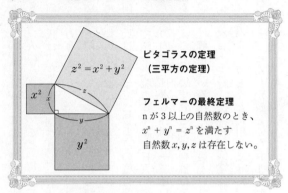

くしたものでしたが、これを魔方陣と結びつけた人物がいます。

もう一人の〝Abe〟こと「超人」阿部楽方《がくほう》氏です。彼の本職は漆工芸職人です。

阿部氏は、正方形分割された「21個」の正方形自体が魔方陣で、「224×224=5万0176」全体も魔方陣になっている巨大な魔方陣を作り上げ、世界一大きい魔方陣としてギネスブックにも登録されました。とても紙面で紹介できる大きさでないのが残念です。

阿部氏はこれまでに数万点の魔方陣を作ってきました。ここで、彼が知人の結婚祝として贈った魔方陣「誕生日入りの切手陣（幸せの六角形）」を紹介します。この魔方陣の内に、日本や外国の一二種類の切手があります。矢印に沿って各四枚の額面を加えると、いずれもその合計は等しくなります。魔方陣とともに、二人の幸せが届く。解いている私たちも温かい気持ちになる、素敵な魔方陣です。

驚くべきことに、阿部氏が魔方陣作成に必要とするのは、ノートと鉛筆だけです。電卓すらほとんど使用しません。日本にはこのような在野の数学の達人がいると思うと、なんだか嬉しくなりますね。

### ◆誕生日入りの切手陣（幸せの六角形）

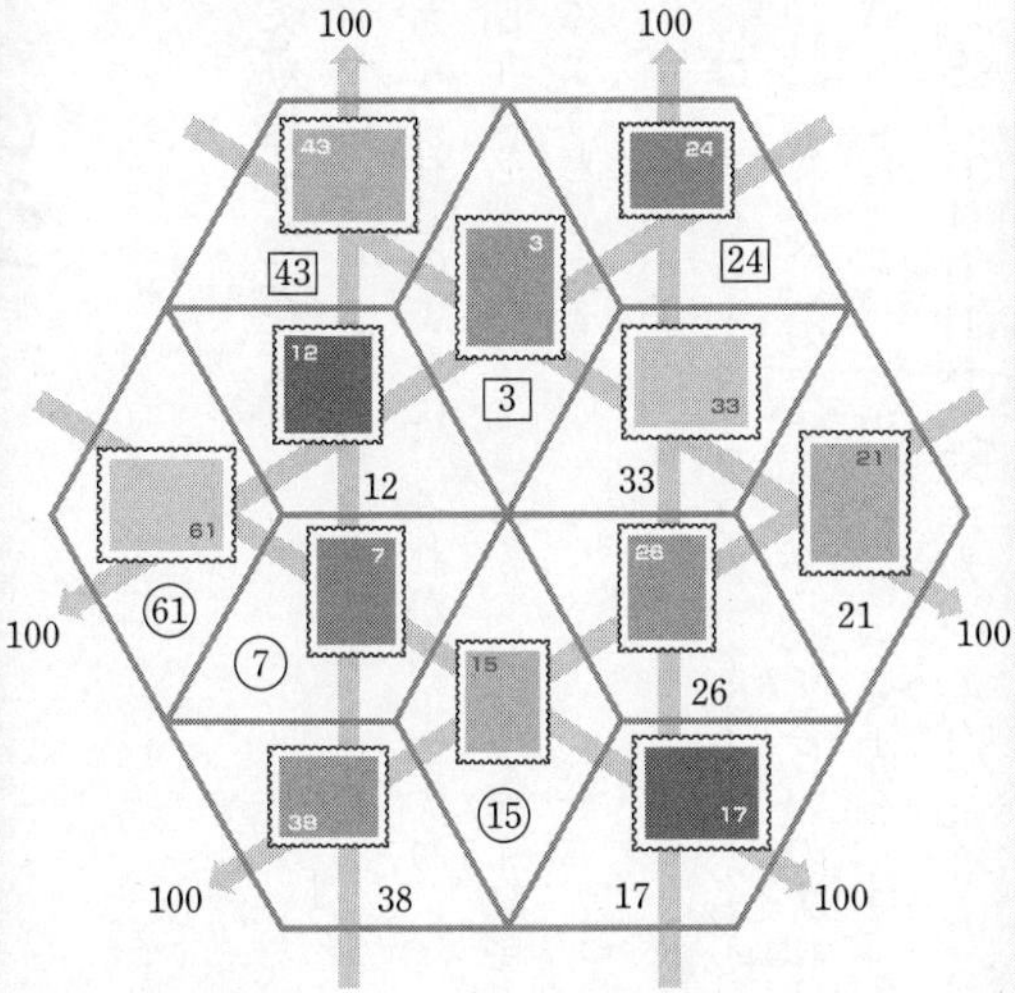


山田太郎（新郎）　　誕生日　昭和43年3月24日

山田花子（新婦）　　誕生日　昭和61年7月15日

# 閏年のひみつ

## 閏年を数学すると…？

四年に一度、二月二十九日がある年。

みなさんご存じのように、それが閏年《うるうどし》ですね。

なぜ閏年は必要なのでしょうか。カレンダーに隠されたひみつを、計算で解き明かしてみようと思います。

一年は、約「365日」。

正確には「365・2422日」です。ほんの少し、「0・2422日」だけ、「365日」より長いのですね。「このくらいのずれはたいしたことじゃない」と思う人もいるでしょう。しかし、「0・2422日」を「秒」であらわしてみると、
一日は「8万6400秒」ですから、「0・2422×8万6400＝2万0926・08（秒）」です。

「約2万秒」と聞くと、その数字の大きさから無視できない長さだと感じるのではないでしょうか。

毎年「約2万秒」ずれていくと、四年で「約8万秒」。

正確には「2万0926・08×4＝8万3704・32（秒）」、時間が先に進んでしまうことになります。

そこで、四年目に一日増やして「366日」にしてあげることで「ずれ」を小さくしているのです。

なぜ、「ずれ」にこだわるのでしょうか。

それは、地球が太陽の周りを回る周期（時間）と、カレンダーの日付がずれてしまうという問題が生じるからです。季節は冬なのにカレンダーは夏……などということになったら混乱しますよね。

**閏年は四年に一度じゃない！**

現在の私たちのカレンダーは「グレゴリオ暦」といわれる太陽暦で、地球が太陽の周りを回る周期をあらわした暦です。

◆地球と太陽の関係から「1年」が生まれた

地球が太陽を1周する
約365日
正確な時間は、365.2422日

一年が「365・2422日」というのは、地球が太陽を一周する正確な時間（公転周期）のことです。

じつは「西暦年が4の倍数の年を閏年とする」というルールだけでは、時間の「ずれ」は解消できません。

そこで「年が100の倍数で、400の倍数でない年は閏年としない」というルールがあります。

## 「2000年問題」は閏年問題？

「2000年問題」を覚えていらっしゃいますか。一九九九年に大きなニュースとなりました。当時のコンピューターは、西暦の「4桁」ではなく「下2桁のみ」を扱っ

**◆閏年判定プログラム**

| | | |
|---|---|---|
| STEP 1 | 年が「4の倍数」でない | ➡ **平年** に決定 |
| | 年が「4の倍数」である | ➡ STEP 2 へ |
| STEP 2 | 年が「100の倍数」でない | ➡ **閏年** に決定 |
| | 年が「100の倍数」である | ➡ STEP 3 へ |
| STEP 3 | 年が「400の倍数」でない | ➡ **平年** に決定 |
| | 年が「400の倍数」である | ➡ **閏年** に決定 |

ていたため、「西暦2000年」は「西暦1900年」とみなされてしまうという問題を抱えていました。

そのために停電、経済的混乱、ミサイルの誤発射など、さまざまな不具合や問題が引き起こされるとして話題になりました。

「2000年問題」には、このよく知られた理由の他に、もう一つのプログラム・ミスがあったのです。

それは閏年の判定です。

「年が100の倍数で、400の倍数でない年は閏年としない」というルールをプログラムにすると、上記のようになります。

実際に判定してみましょう。

二〇一一年の場合、STEP1により、

「2011」は「4の倍数」でないので平年と決定されます。

二〇一二年の場合、STEP1により、「2012」は「4の倍数」なのでSTEP2へ進みます。STEP2により、「2012」は「100の倍数」ではないので閏年に決定されます。

さて、それでは二〇〇〇年の場合はどうなるでしょうか。STEP1により、「2000」は「4の倍数」なのでSTEP2へ進みます。STEP2により、「2000」は「100の倍数」なのでSTEP3へ進みます。STEP3により、「2000」は「400の倍数」なので閏年に決定されます。

ところが、当時STEP3が組み込まれていない閏年判定プログラムがあったのです。これだと、「2000」は、STEP2によって平年と判断されてしまいます。これも一つの「2000年問題」でした。

つまり「2000年」は閏年、「2100年」「2200年」「2300年」は平年、「2400年」は閏年になります。

このルールで、いったいどれほど正確な暦になるのか計算して確かめてみましょ

◆これは大変！
STEP3が組み込まれていない閏年判定プログラム（欠陥）

| | | |
|---|---|---|
| STEP 1 | 年が「4の倍数」でない | ➡ 平年 に決定 |
| | 年が「4の倍数」である | ➡ STEP 2 へ |
| STEP 2 | 年が「100の倍数」でない | ➡ 閏年 に決定 |
| | 年が「100の倍数」である | ➡ 平年 に決定 |

う。

「4の倍数の年」がすべて閏年になるとすると、「西暦1年」から「西暦400年」までに一〇〇回の閏年があることになります。

ところが、先ほどの STEP2 、STEP3 がありますから、「西暦100年」「西暦200年」「西暦300年」は平年に、「西暦400年」は閏年になるので、合計九七回の「閏年」があることになります。

そこで、四百年間の正確な日数を計算してみましょう。

閏年「366日」が九七回、平年「365日」が残り三〇三回なので「366×97＋365×303＝14万6097

◆グレゴリオ暦は驚きの正確さ！

**ルール1**　年が「4の倍数」ならば **閏年**

**ルール2**　年が「100の倍数」で「400の倍数でない」ならば **平年**
年が「100の倍数」で「400の倍数」ならば **閏年**

| 2000年 | 2100年 | 2200年 | 2300年 | 2400年 |
| --- | --- | --- | --- | --- |
| 閏年 | 平年 | 平年 | 平年 | 閏年 |

4の倍数なのに平年！

3300年に1日しかずれない！

（日）」となります。

すると、一年の平均日数は、「１４万６０９７÷４００＝３６５・２４２５（日）」となって、一年ごとに「３６５・２４２５−３６５・２４２２＝０・０００３（日）」しかずれません。

そして、このずれは「０・０００３×３３００＝０・９９」。

つまり、「３３００年間」で、ほぼ一日ずれるということがわかります。

私たちがいま使っている「グレゴリオ暦」というカレンダーは、三三〇〇年に一日しかずれない、大変に正確なものなのです。

## 一秒プラスする「閏秒」

時の基準は、あくまでも宇宙を運行している太陽や地球の動きです。私たちはその運行の正確さをあらわすカレンダーを作ってきました。

そして、いまや科学の進歩は、地球の自転を精密に測定できるまでになりました。そこから生まれたのが閏秒です。

現在では、「3000万年に1秒」しかずれない精度の「原子時計」が地球の時間を刻んでいますが、地球の自転は一定ではなく、速くなったり遅くなったりするので、原子時計と地球の自転のずれを補正する必要があります。そのために閏秒が必要となり、「24時間」に「1秒」を加えたり減らしたりしています。

閏秒の実施は、「23時59分59秒」の「1秒」後。つまり、通常なら存在しない「23時59分60秒」が追加されるのです。

いつもより一秒長い一日。何だかふしぎな気持ちになります。

考えてみると、時間の単位である「秒」は、はじめ「地球の自転する時間（8万6400秒）」を基準に決められたのでした。

その後、地球の自転の不安定さから、「地球が太陽を一周する時間（1年＝315万6925・9747秒）」に基準が変更されました。

より正確な時間を求めようとする私たちは、ついに「原子時計」という究極の時計を手にするまでに発展しました。原子が放出（または吸収）する光の色（波長）は安定しています。この性質を利用したのが原子時計で、セシウム原子を使ったセシウム原子時計に至っては非常に精度が高く、誤差は一億年に一秒程度です。

そのおかげで、現在は地球の自転をきわめて正確に測定できるようになり、閏秒を実施しています。

「秒」は地球の自転から始まり、いま再び故郷である地球の自転に戻ってきたことになりますね。これからも私たちは「時」を見守り育てていくことになります。この地球の上で、細心の注意を払いながら。

そして、いつの日か、まだ見たことがない、より正確な新しい「時」に遭遇するのかもしれません。

# 億はどうして「億」と呼ぶ？

**数詞の由来はどこから？**

**Q. 億はどうして「億」というのでしょうか？**

一、十、百、千、万、億、兆、京《けい》、…。
私たちは、当たり前に読み上げていきますが、数えるのにどうしてそのような言葉が使われるようになったのでしょうか。

数詞の由来を探っていくと、数が時代によってどうとらえられてきたかがわかります。こんな話があります。

その昔、数が一、二しかない時代、それ以上の多数をあらわすのが三でした。いち、に、たくさん。三は沢山の「さん」だったわけです。三を「みっつ」というのは「満つ」に通じるともいわれています。

現代のように「億」や「兆」といった大きな数が普及するまで、人々は小さな数だけで生きていました。

三以外にも、四、八、百、千、万。

そのいずれもが「すべて」をあらわしてきた言葉として、いまに残っています。

四海（世の中、世界）、四方（いたる所）。

八面六臂《はちめんろっぴ》（あらゆる方面にめざましい働きを示すこと）、八面玲瓏《はちめんれいろう》（どの方面から見ても曇りなく明るいさま）、八方美人、八紘一宇《はっこういちう》（全世界を一つの家にすること）、八百八町《やちょう》（江戸中の町々）。

その他にも、百科事典、百も承知、百貨店。

千里眼、千客万来、千言万語、千変万化、千思万考。

万葉集、万年筆などなど、次々とあげることができます。

さて、ここで再びクイズです。

## Q. 八百八町=八十八粁とは、これいかに？

八百八町とは、江戸時代に「町が多数あった」ことをいう言葉でした。そして、一町とは、日本が「メートル条約」加入前に使っていた長さの単位です。「1町=約109・09メートル」なので、「八百八町=808町=808×約109・09メートル=約8万8144・72メートル=約88キロメートル」となります。明治時代に「メートル」は「米」であらわされました。その他にも、「1キロメートル」は「1000（千）メートル」なので「粁」という漢字があてられました。

### 中国の古典に記された単位

さて、一七九頁の「大地から生まれた単位」のところで紹介するように日本では、「一、十、百、千、万、億、兆、京《けい》、垓《がい》、秭《じょ》、穣《じょう》、溝《こう》、澗《かん》、正《せい》、載《さい》、極《ごく》、恒河沙《ごうがしゃ》、阿僧祇《あそうぎ》、那由他《なゆた》、不可思議《ふかしぎ》、無量大数《むりょうたいすう》」という単位があります。この中の「載」に注目してください。

◆単位を漢字であらわすと…

| | | | |
|---|---|---|---|
| ミリメートル | (mm) | ➡ 粍 | (一毛＝1000分の1) |
| センチメートル | (cm) | ➡ 糎 | (一厘＝100分の1) |
| デシメートル | (dm) | ➡ 粉 | (一分＝10分の1) |
| デカメートル | (dam) | ➡ 籵 | (デカ＝10倍) |
| ヘクトメートル | (hm) | ➡ 粨 | (ヘクト＝100倍) |
| キロメートル | (km) | ➡ 粁 | (キロ＝1000倍) |

「千年に一度しかめぐりあえないようなチャンス」という意味の「千載一遇《せんざいいちぐう》」の「載」は、なんと「10の44乗」をあらわす単位です。中国の『孫子算経《そんしさんけい》』にある最大の単位が、この「載」でした。

数が大きくなると大地に「載せられなくなる」――それほど大きい数が「載」です。

そして、「数の極み（物事のそれ以上のないところ）」としての「極」。

「恒河沙」は「恒河」すなわちガンジス河の「沙（砂）」の数。

「阿僧祇」「那由他」「不可思議」に続く「無量大数」の「無量」は、仏典『華厳《けごん》経《きょう》』に出てきます。

『華厳経』ではさらに、「$10^7$」を「倶胝《くてい》」

◆『華厳経』に出てくる数の単位（一部）

| | | |
|---|---|---|
| 0 | $10^{7\times 2^0}=10^7$ | 俱胝 |
| 1 | $10^{(7\times 2)}=10^{14}$ | 阿庾多 |
| 2 | $10^{(7\times 2^2)}=10^{28}$ | 那由他 |
| n | $10^{(7\times 2^n)}$ | |
| 103 | $10^{(7\times 2^{103})}=10^{70988433612780846483815379501056}$ | 阿僧祇 |
| 105 | $10^{(7\times 2^{105})}=10^{283953734451123385935261518004224}$ | 無量 |
| 111 | $10^{(7\times 2^{111})}=10^{18173039004871896699856737152270336}$ | 不可数 |
| 115 | $10^{(7\times 2^{115})}=10^{290768624077950347197707794436325376}$ | 不可思 |
| 117 | $10^{(7\times 2^{117})}=10^{1163074496311801388790831177745301504}$ | 不可量 |
| 119 | $10^{(7\times 2^{119})}=10^{4652297985247205555163324710981206016}$ | 不可説 |
| 121 | $10^{(7\times 2^{121})}=10^{18609191940988822220653298843924824064}$ | 不可説不可説 |
| 122 | $10^{(7\times 2^{122})}=10^{37218383881977644441306597687849648128}$ | 不可説不可説転 |

として、「1倶胝×1倶胝＝1阿庾多《あゆた》（$10^{14}$）」、「1阿庾多×1阿庾多＝1那由他（$10^{28}$）」と、新しい単位が作られていきます。

指数部分、つまり「1」の後に続く「0」の個数が指数関数的に増えていく単位があります。『華厳経』の「不可説不可説転」に比べると、「無量大数」は、はるかに小さいことがわかりますね。

「溝」「澗」は、偏《へん》に「氵」（さんずい）があることから「水量」をあらわし、「秭」「穣」は穀物に関係してその「粒の数」をあらわし、「兆」「京」「垓」は、都市でその「人口」をあらわすのではないかという説があります。

ついでに、小さい単位も見てみましょう。次頁の表をご覧ください。

これらは、仏教の経典にあった言葉がほとんどです。十六世紀、中国の『算法統宗《さんぽうとうそう》』にも最小の単位は「塵《じん》」まであって、それより小さい単位は「名ありて実なし」、つまり「単位としては存在しても使う機会はないだろう」と考えられていたようです。

しかし、現代は技術が進歩して「n《ナノ》」、つまり「塵」の時代になってきました。最先端はそれ以上、「埃《あい》」「渺《びょう》」「漠《ばく》」の領域を遥かに超えた「ミクロ」の世界に突

## ◆漢字であらわす小さな単位

| | | | | |
|---|---|---|---|---|
| 一 | 1 | | | |
| 分 | 0.1 | 0が1個 | | |
| 厘 | 0.01 | 0が2個 | | |
| 毛 | 0.001 | 0が3個 | m（ミリ） | |
| 糸《し》 | 0.0001 | 0が4個 | | |
| 忽《こつ》 | 0.00001 | 0が5個 | | にわかに |
| 微《び》 | 0.000001 | 0が6個 | μ（マイクロ） | かすかな |
| 繊《せん》 | 0.0000001 | 0が7個 | | 繊維の繊で、ほそい |
| 沙《しゃ》 | 0.00000001 | 0が8個 | | 砂 |
| 塵《じん》 | 0.000000001 | 0が9個 | n（ナノ） | ちり |
| 埃《あい》 | 0.0000000001 | 0が10個 | | ほこり |
| 渺《びょう》 | 0.00000000001 | 0が11個 | | かすんでいるさま |
| 漠《ばく》 | 0.000000000001 | 0が12個 | p（ピコ） | ぼんやりしているさま |
| 模糊《もこ》 | 0.0000000000001 | 0が13個 | | あいまいなさま |
| 逡巡《しゅんじゅん》 | 0.00000000000001 | 0が14個 | | ぐずぐずすること |
| 須臾《しゅゆ》 | 0.000000000000001 | 0が15個 | f（フェムト） | 短い時間 |
| 瞬息《しゅんそく》 | 0.0000000000000001 | 0が16個 | | 1回まばたきをし、息をするわずかな時間 |
| 弾指《だんし》 | 0.00000000000000001 | 0が17個 | | きわめて短い時間 |
| 刹那《せつな》 | 0.000000000000000001 | 0が18個 | a（アト） | 時間の最小単位。瞬間 |
| 六徳《りくとく》 | 0.0000000000000000001 | 0が19個 | | 人の守るべき六種の徳目 |
| 虚空《こくう》 | 0.00000000000000000001 | 0が20個 | | すべてのものの存在する場所としての空間 |
| 清浄《しょうじょう》 | 0.000000000000000000001 | 0が21個 | z（ゼプト） | 心の清らかなこと |

入しています。

空想力こそが、私たち人間の最大の武器です。

人間はあまりに巨大な数やあまりにも小さな数、つまり、「扱えなくなる数」を目の前にしてはじめて「数それ自体」を思うことができます。古代インドや古代中国の人々は、はじめから数字ではなく数を相手にしてきたということがわかります。その古代中国、古代インド由来の言葉を取り入れて、私たち日本人は日本語としての数詞を作りあげてきました。

最後に、冒頭のクイズの答えです。

**Q.** **億はどうして「億」というのでしょうか？**

**A.「億」＝「人」＋「意」＝「人」＋「音（口をつぐむ）」＋「心」**

つまり、「億」は「黙って心いっぱいに考えられるだけの大きな数」ということです。

# 幸運の確率は六分四分！

## 人生の本当の確率

「人生五分五分」とよくいわれます。

人生トータルでみたら、「良いことと悪いことの結果は半々になる」ということです。「本当にそうなのだろうか」と考えると、十人十色《といろ》の人生、十人十色の答えが返ってくるようにも思えます。

さて、ある数学問題を考えることで、人生の本当の確率は「そうとは限らない」ということを示せます。それが「出会いの問題」です。

一七〇八年に、フランスのピエール・モンモール（一六七八〜一七一九）によって提出されました。

AさんとBさんの二人が、トランプのカードをエースからキングまで一三枚ずつ持って、一枚ずつ机の上に出しながら次々に「カード合わせ」を行います。同じ数のカードが一緒に出れば「出会い」が起きたことになります。

それでは、一三枚を出し尽くした時、「出会いが一度も起こらない確率」はいくつでしょうか。

また一般にカードの枚数を「n枚」にしたら確率はどうなるでしょうか。

## オイラーによる解答

一七四〇年頃に、スイスの数学者レオンハルト・オイラー（一七〇七〜一七八三）がこの問題を解くことに成功しました。

約三七％の確率で「出会いは一度も起こらない」という答えが出たのです。トランプのカードの枚数nを増やしても「n」の値に関係なく、約三七％であるという驚くべき結論でした。

これはAさんのカード「1」にはBさんの「1」以外のカードが対応し、Aさんのカード「2」にはBさんの「2」以外のカードが対応するというように、すべてばらばらに対応する順列の数を求めることに帰着します。

例えば三枚の場合は、Aさんの（1、2、3）に対して、Bさんは（2、3、1）、（3、1、2）であればいいということです。

つまり、Bさんの三枚のカードの並べ方は全部で六通りあるので、出会いが一度も起こらない確率は「2/6＝1/3」となり約三三％となります。

これが一三枚になると約三七％になり、一三〇枚に増やしたとしても、約三七％。つまり、ほとんど変わらないということです。

出会いが一回も起こらない場合の反対は、「少なくとも一回は出会いがある場合」です。「少なくとも一回は出会いがある場合」とは、一回だけの出会いから一三回すべて出会うまでが含まれています。その確率は「1－約0・37＝約0・63」、すなわち約六三％ということになります。

## 男女の出会いの確率は？

この確率が、なぜ人生に関わることになるのでしょうか。

それはまさに「人と人の出会い」を考えることに他ならないからです。

人生はすべて何らかの出会いの連続です。なかでも人生のパートナーを見つける男女の出会いは重要です。そこに「出会いの問題」をあてはめてみましょう。

私たちは誰か見知らぬ異性と出会った時に、その人と「お付き合い」をしてもいいかどうか判断することになります。

そこには、いくつかのチェックポイントがあると考えられます。

例えば、身長、年収、顔の好き嫌い、趣味、食べ物の好き嫌い、などなど。

さらに結婚のことを考えると、もっと多くのチェックポイントが出てくることになります。これらチェックポイントを決めたとして、すべてが合わなければその相手とは付き合わない、あるいは少なくとも一つのチェックポイントでも合えばお付き合いをしてもいい、と考えることができるでしょう。

すると、オイラーの結論は次のように適用されます。

出会った人の中で、「全くチェックポイントが合わない人」に出会う確率は約三七％。

「少なくとも一つのチェックポイントが合う人」に出会う確率は約六三％ということです。

そして、これが大切なことですが、「チェックポイントをどんなに多くしてもこの確率はほとんど変わらない」ということです。

つまり、一〇人の異性とお見合いをした場合には、約六人とは付き合ってもいいということになります。たとえ、あなたにどんなに厳しいチェックポイントが、どんなにたくさんあっても、です。

どうですか、思い当たる節はありませんか。私は、電気製品を選ぶ場合には商品カタログをたくさん集めて自分のチェックポイントを一つでも多く満たすものを選ぼうと意気込みます。しかし、最後まで選びきれず、結局最初にいいと思った商品に決めてしまうことがよくあり、時間をかけた品定めは何だったのかと落胆したりします。

それに対して女性は、時に男性からは衝動買いに思えてしまうほどパッと選んでしまいます。しかも買い物を後悔することが少ないようです。

女性はどうしてあんなにすぐに決めることができるのだろうかと疑問に思ってい

たのですが、オイラーの計算結果を見て、私は大きなヒントをもらったような気がします。

女性は、物を選ぶ際に、そんなに多くのチェックポイントが必要ないことを、そしてどうしても譲れないチェックポイントが何かを、経験でわかっているのかもしれません。というのも、チェックポイントが三つあったとしても、すべて合わないのは「約33％」。チェックポイントが増えていっても、確率は「約37％」までにしかならないのですから。

## 人生は幸運と出合うようにできている

男女の出会いや買い物に限らず、私たちは目の前に出会ったものに対して「選ぶ」ということをしています。それらすべてにこの「約63％」が適用されるとしたならば、「人生、捨てたものではない」ということになるのではないでしょうか。

神様は誰に対しても「五分以上」の素敵な出会いを与えてくれているのです。これぞまさしく天の恵みかもしれません。

ちなみにこの確率は、神様といえども触ることはできません。オイラーが計算してはじき出した出会いが一度も起こらない確率はnを無限大にすると「$\frac{1}{e}$＝$\frac{1}{2.718\cdots}$＝0・367…＝約37％に収束する」と求められました。

この「ネイピア数e（＝2・718…）」こそ、オイラーが発見したのです。オイラー（Euler）の名前の頭文字から「e」と呼ばれているのではないかと考えられています。

微分積分をうまく説明する、重要な定数がネイピア数「e」ですが、チェックポイントの少なくとも一つが合うという確率「1－$\frac{1}{e}$＝1－0・367…＝約63％」のほうが、私たちにとってはよほど身近な存在といえます。

人生五分五分はこれまで。

幸運の確率は約六三％だったのです。

これからは人生六分四分と思って生きていくのもいいと思いませんか。

# 「＋《プラス》」の由来を知っていますか？

## なぜ「＋」なんだろう？

私たちにとっておなじみの「＋」「－」「×」「÷」。

当たり前のものとして使用している、いわゆる「四則演算」の記号たちですが、そもそもなぜプラスは「＋」という形なのでしょうか。

その理由をご紹介していきたいと思います。

## ＋のものがたり

「＋」は一四八九年に、ドイツのヨハネス・ウィッドマン（一四六〇頃～一四九八頃）の本の中で使われています。

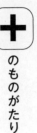

ただ、この本では「＋」は「超過」の意味で使われており、演算記号ではありませんでした。

足し算にはラテン語の「et（英語の and）」が使われており、「3に5を加える」ことを「3 et 5」と表現しています。「＋」という記号自体は、「et」の筆記体がくずれて「t」となり、そして「＋」になったという説があります。

足し算の演算記号として「＋」がはじめて登場したのは一五一四年、オランダのファンデル・フッケの算術の本の中といわれています。

## −のものがたり

「＋」と同じく「−」も、ウィッドマンの本の中に登場しています。「−」は「不足」の意味で、引き算にはラテン語の「de」が使われており、「5 de 3」が「5から3を取り除く」という意味で使われていました。「de」は「demptus（取り除く)」の頭文字です。

それでは、記号「−」は、何に由来しているのでしょうか。

そもそも西欧では「plus（プラス）」「minus（マイナス）」の頭文字の「〜p」「〜m」を用いて「4 p̃ 3」や「5 m̃ 2」のような書き方が普及していたようです。

そのため、「−」は「〜m」の「〜」が変形したという説があります。そして、「+」と同じく一五一四年、フッケの本の中で、演算記号として「−」がはじめて登場したといわれています。

## ×のものがたり

イギリスのウィリアム・オートレッド（一五七四〜一六六〇）が一六三一年に、数学教科書として名高い『算数の鍵』の中で「×」をはじめて使いました。それでは、オートレッドが「×」を使うことになるまでの軌跡を追ってみましょう。

一六〇〇年頃には、イギリスのエドワード・ライト（一五六一〜一六一五）がア

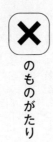

### ◆×の語源はたすきがけ？

線でつながる
2つの数は
かけ算することを
あらわします！

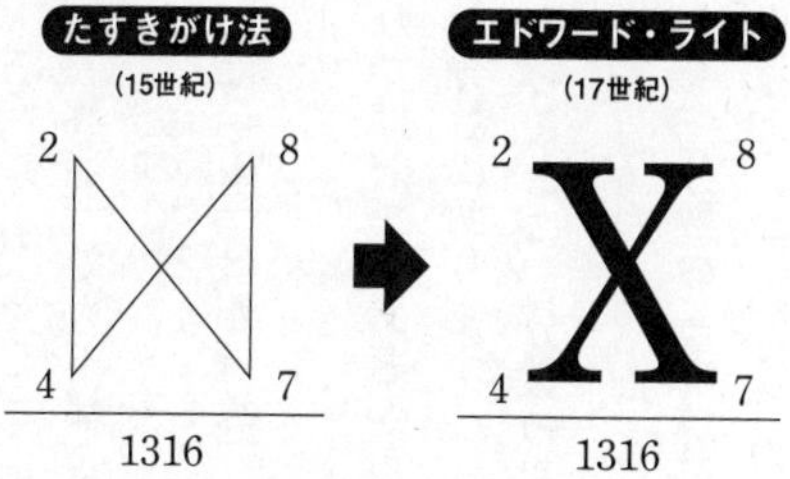


(15世紀)

$(2\times4)\times100+(2\times7+8\times4)\times10+8\times7$
$=800+460+56$
$=1316$

ルファベットの「X」を使っています。これは中世に行われた「たすきがけ法」に描かれる線が原型になっていると考えられます。

このエドワード・ライトは、ネイピアの対数の本（ラテン語）を英訳したことで有名な数学者です。

さらに十六世紀には、ドイツのペトルス・アピアヌス（一四九五～一五五二）という数学者の著書に出てくる分数計算を暗記するための図表の中で「線で結ばれた二つの数はかける」というルールがありました。これは、一〇七頁の図のように、演算ごとに計算方法が変わる分数について覚えやすくしたものでした。

(17世紀)

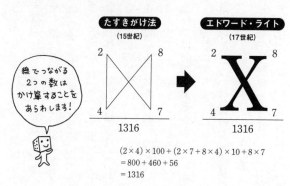

そもそも、かけ算には演算記号がいりません。例えば、文字同士のかけ算「x×y」は「xy」と書きますね。

そして、数同士のかけ算の記号としては、「x」よりも先に使われていたのが「・」です。十五世紀はじめには、イタリアで用いられました。

「3・5」。これで「3×5」となります。

「数字・数字」でも不都合はないわけで、ことさらに新しい演算記号を考える必要はなかったのです。

後には「・」はかけ算、カンマ「,」は小数点の記号と区別するようになってきました。

それでは、なぜあとから「×」が発明されるようになったのでしょうか。そのヒントは分数にあります。

面白いことに、分数の四則演算のうち、「足し算（+）」「引き算（−）」「割り算（÷）」は、たすきがけの「かけ算（×）」が必要です。

しかし、分数の「かけ算（×）」だけは、たすきがけがありません。

そう考えると、かけ算の記号「×」の起源は、分数の四則演算にあらわれる「たす

◆分数の四則演算から、かけ算は生まれた？

アピアヌスの分数計算暗記表（1532年）

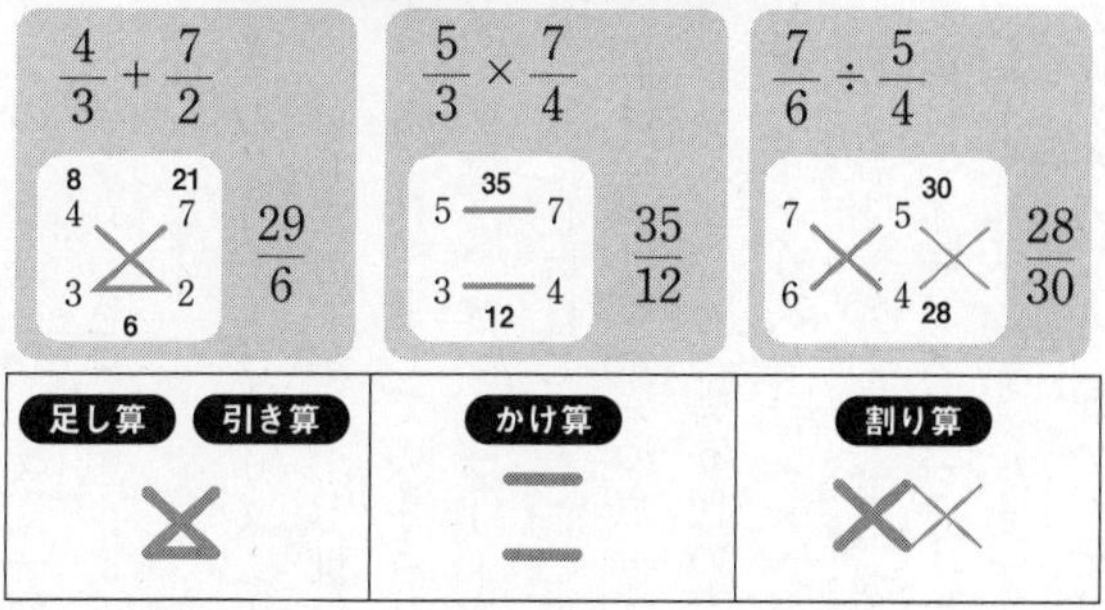


きがけのクロス」だったのかもしれません。

オートレッドはこうした経緯を踏まえて「×」を、かけ算の記号としたようです。

しかし、元々アルファベットの「X」だったわけですから、新しい記号「×」は、混同しやすいと判断されて、あまり浸透はしませんでした。

現在も、かけ算は二種類の演算記号「×」と「・」、そして文字式の場合は「記号なし」の三種類が使い分けされています。

## ÷のものがたり

「÷」は、その起源がよくわかっていませ

ん。ドイツのアダム・リース（一四九二〜一五五九）は一五二二年の著作の中で、スイスのハインリッヒ・ラーン（一六二二〜一六七六）は一六五九年の著作の中で「÷」を使っています。

イギリスのジョン・ウォリス（一六一六〜一七〇三）やアイザック・ニュートン（一六四二〜一七二七）が、十七世紀から十八世紀にかけて「÷」を使ったおかげで、イギリスでは浸透していきました。

逆にドイツでは、ゴットフリート・ライプニッツ（一六四六〜一七一六）が割り算の記号として使いはじめたことにより、「：」が広まっていきます。ライプニッツの使い方は、かけ算が一つ点「・」で、割り算が二つ点「：」というものです。例えば「6：2＝3」という使い方ですね。

こうして、イギリスでは「×」と「÷」。ドイツをはじめとする大陸では「・」と「：」が主流となったのです。なぜ、記号が統一されなかったのでしょうか。

その原因は、イギリスのニュートンとドイツのライプニッツによる「微分積分大論争」です。二人は異なったアプローチから「微分積分」を発見していたのですが、この偉大なる二人の間で、それぞれの支持者を巻き込んだ大論争が繰り広げられました。

その結果、数学者同士も仲が悪くなり、記号が統一されなかったのです。記号の話をしていましたが、気がつくといつのまにか何とも人間くさい話になってきました。

さて、そんな大論争に関係がない日本では「÷」と「：」のどちらも使われています。ただ「6：2＝3」という使い方は日本ではしません。「：」は比をあらわし、「a対《たい》b」と読みます。そして、「6：2＝3：1」と「6÷2＝3÷1＝3」を使い分けています。

Part Ⅱ

# 読み出すととまらなくなる数学

# 魅惑の数学ギャラリー

## 数式がグラフに変身

中学や高校の数学では、関数のグラフを描く練習をしたことを覚えている人も多いと思います。

教科書に出てくる関数のグラフは、どれもこれもあまり面白いものではありません。しかし、これから紹介するようなグラフだったらどうでしょう。

最新の数式処理システムは、使い勝手が良いインターフェースを備え、アウトプットされる2Dや3Dのグラフは、なめらかで色彩鮮やかです。中でも私のお気に入りは「グラフィング　カルキュレーター(Graphing Calculator)」という数学ソフトです。カラーでお見せできないのが残念ですが、純粋に形を眺めてみるだけでも目が釘付けになるはずです。

あわせて、そのグラフの設計図も覗いてみれば、無機質に思われがちな数式たち

◆数学ギャラリー①

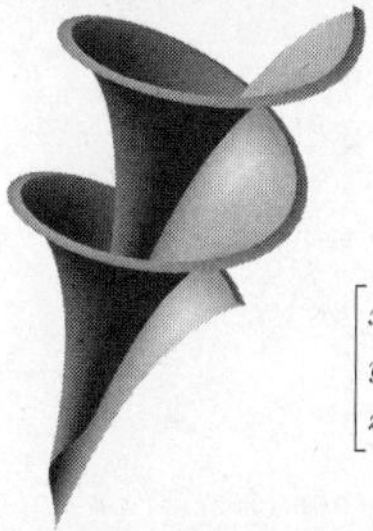

$$\begin{bmatrix} x \\ y \\ z \end{bmatrix} = \begin{bmatrix} a\cos u'\ \sin v' \\ a\sin u'\ \sin v' \\ a\,(\cos v+\ln(\tan\frac{v}{2}))+bu \end{bmatrix}$$

$$a=1,\ b=0.2$$

ディニ曲面

も、「こんな美しい形を表現してくれているんだ！」という驚きとともに、素敵な存在に見えてくるかもしれません。

## ようこそ数学ギャラリーへ

「数学ギャラリー①」をご覧ください。これは「ディニ曲面」と呼ばれる曲面です。聞き慣れない言葉の連続になりますが、この曲面の特徴を説明してみましょう。

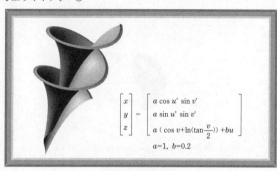

「多層擬球」を引きずり出してできる曲面がディニ曲面です。「擬球（pseudo-sphere）」とは、「擬似（pseudo）」「球（sphere）」という意味です。

それでは、どこが球に似ているのでしょうか。球は円を回転してできる曲面です

◆数学ギャラリー②

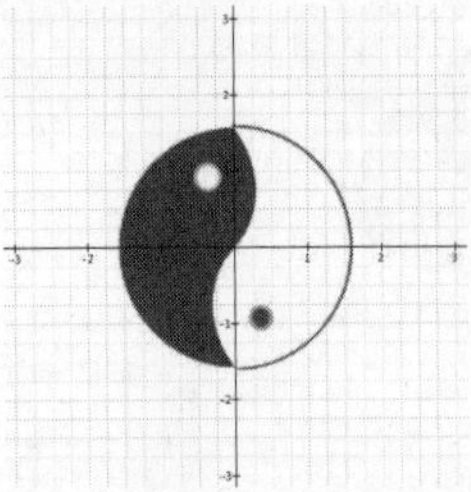

$$(\cos(\theta - r) - \sin\theta)(r^4 - 2r^2\cos(2\theta + 2.4) + 0.9) + (0.62r)^{1000} < 0$$

陰陽道の対極図

が、擬球は牽引線という曲線を回転してできる曲面です。

牽引線は、追跡線、犬追線、犬曲線などとも呼ばれる曲線です。例えば長さが一定の紐に犬をつないで引っ張っていく時、犬が通った跡が牽引線です。犬が出てくるので、犬追線や犬曲線などとも呼ばれるのでしょう。

続いての「数学ギャラリー②」は、陰陽道の対極図を不等式であらわしたものです。数式をよく見ると、通常の「xy座標」ではなく「rとθ」が使われています。

これを「極座標」といいます。点の位置をあらわすのに、点と原点からの「距離

r」と原点から点にのびる線と「x軸」のなす角θであらわすという考え方です。
グラフを大きく左右に二分させているのが、数式 $(\cos(\theta - r) - \sin\theta) + (0.62r)^{1000}$ で、中にある小円を描いているのが数式 $(r^4 - 2r^2\cos(2\theta + 2.4) + 0.9)$ です。「三角関数sinθ」、「cosθ」があることから、曲線が描かれています。

さて、ここからは一一七頁以降の「数学ギャラリー③～⑦」までを次々と紹介していきます。

「数学ギャラリー③」は、方程式の解を三次元空間の点として表示したものです。数式には「$x$、$y$、$z$」があります。ですから、この方程式を満たす「$x$、$y$、$z$」を「点($x$、$y$、$z$)」として描くと3Dの図ができあがります。

それにしても、数式からは全く予想もできない図にただただ驚くばかりです。マウスをいじれば画面上では拡大、回転など自在に操ることができます。この図は私のお気に入りのグラフです。

数式左辺の三カ所の「π」を「2、3、4、5、…」と変えてみると見事に曲面の風景は変化します。

「数学ギャラリー④」は、エネパー局面と呼ばれる、「極小曲面」のグラフです。

「極小曲面」とは、ある条件のもとで面積を極小・最小にするような曲面です。閉じた針金の輪に張られる石けん膜は「極小曲面」の例です。石けん膜の数学は見た目の想像以上に深い理論を含んでいることが明らかにされてきました。「オイラー・ラグランジュの変分方程式」「極小曲面の微分方程式」などがその例です。ドイツの数学者、カール・ワイエルシュトラス（一八一五〜一八九七）は、「極小曲面」の表示方法を研究しました。

その一つが「エネパー・ワイエルシュトラスのパラメーター表示」と呼ばれるもので、その結果が「数学ギャラリー④」の数式なのです。

「数学ギャラリー⑤」は、三角関数を組み合わせて描かれるグラフです。数式の「$n$」は渦巻き貝の巻き数、「$a$」は渦巻き貝の円の大きさ、「$b$」は渦巻き貝の高さ、「$c$」は渦巻き貝内部にできる円柱の大きさを調整します。

「数学ギャラリー⑥」は、アメリカの数学者ブノワ・マンデルブロ（一九二四〜二〇一〇）による「マンデルブロ集合」です。平面は、複素数平面（複素平面）です。

「マンデルブロ集合」はフラクタル図形として有名です。フラクタル図形とは、図

◆数学ギャラリー③

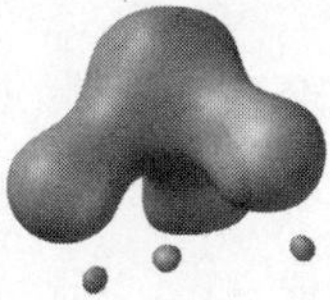

$$x^2+y^2+z^2+\sin\pi x+\sin\pi y+\sin\pi z=1$$

方程式の解を三次元空間の点で表示

◆数学ギャラリー④

$$\begin{bmatrix} x \\ y \\ z \end{bmatrix} = \begin{bmatrix} u-\dfrac{u^3}{3}+uv^2 \\ v-\dfrac{v^3}{3}+u^2v \\ u^2-v^2 \end{bmatrix}$$

エネパー局面

◆数学ギャラリー⑤

$$\begin{bmatrix} x \\ y \\ z \end{bmatrix} = \begin{bmatrix} a\left(1-\dfrac{v}{2\pi}\right)\cos nv'(1+\cos u)+c\cos nv \\ a\left(1-\dfrac{v}{2\pi}\right)\sin nv'(1+\cos u)+c\sin nv \\ \dfrac{bv}{2\pi}+a\left(1-\dfrac{v}{2\pi}\right)\sin u \end{bmatrix}$$

$a=0.141,\ b=0.5,\ c=0,\ n=3$

三角関数の組み合わせ

◆数学ギャラリー⑥

$g(z)=z^2-(0.75+0.2i)$

$f(z)=g(g(g(g(g(g(g(g(g(g(g(g(g(g(g(g(g(g(g(g(g(z)))))))))))))))))))))$

$$\begin{bmatrix} h \\ s \\ v \end{bmatrix} = \begin{bmatrix} \dfrac{1}{8}\left[\dfrac{8(\arg f(x+iy)+\pi)}{2\pi}+0.5\right] \\ \mathrm{clamp}(|f(x+iy)|,0,1) \\ \mathrm{clamp}(|f(x+iy)|,0,1) \end{bmatrix} = f(x+iy)$$

マンデルブロ集合

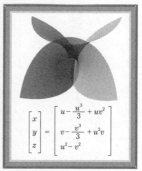

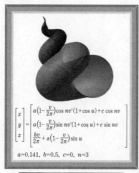

形の部分が全体に相似になっている（自己相似）もののことで、例えば、海岸線や樹木の形は拡大しても同じように複雑な形をしているのでフラクタルです。「ジュリア集合」を研究していたマンデルブロが発見したのが、有名な「マンデルブロ集合」です。

このフラクタルの概念を考え出したマンデルブロは、得意とする数学を生かし、航空工学、経済学、流体力学、情報理論と多方面の研究を行いました。彼は、ポーランド生まれで、フランスとアメリカの国籍を持っており、プリンストン高等研究所、ＩＢＭのフェロー、パシフィック・ノースウェスト国立研究所のフェロー、ハーバード大学とイェール大学の数学科など世界中を駆けまわり研究を続けた数理科学の巨人でした。

## 数式ギャラリーのススメ

その他にも、次頁で紹介しているように、不思議なグラフはいくらでも存在します。

コンピューターがない時代に考えられてきた数式は、二十世紀の大発明であるコ

## ◆数学ギャラリー⑦　まだまだあるふしぎなグラフ

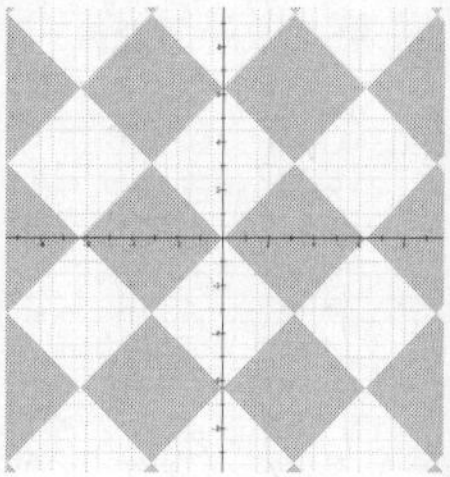

$\cos x < \cos y$

$r = 3\sin n\varphi \cdot \sin 2\theta - 1$

$n = 3$

$$\begin{bmatrix} r \\ \theta \\ z \end{bmatrix} = \begin{bmatrix} 3 + \sin v + \cos(u+n) \\ 2v \\ \sin(u+n) + 3\cos v \end{bmatrix}$$

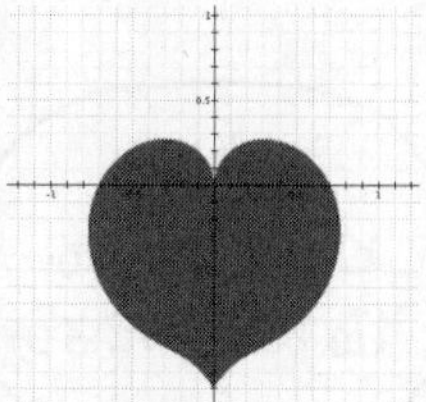

$$r - 0.2e^{-10\left|n - \frac{3\pi}{2}\right|} < \sqrt{\frac{1 + \cos\left(\theta + \frac{\pi}{2}\right)}{2}}$$

ンピューターのおかげで見事にグラフに変身することができました。

もし、十九世紀までの数学者が、自分が研究した数式の美しい姿が映し出された液晶画面をあの世から眺めたら、驚嘆の声をあげることでしょう。

ぜひ、みなさんのお手元にあるコンピューターに数学ソフトをインストールして、数式のグラフを描かせてみてください。あなたも、きっとグラフの美しさ、奇妙さに魅了されるはずです。

# 小惑星探査機「はやぶさ」と素数の冒険

## 「はやぶさ」と並ぶ偉大な冒険

二〇二〇年十二月六日、小惑星探査機「はやぶさ2」に搭載された再突入カプセルが地球に帰還しました。その十年前、二〇一〇年六月十三日には初号「はやぶさ」が六〇億キロメートルにおよぶ宇宙の旅を終えて地球帰還に成功しました。数々の困難を乗り越えて、大気圏に突入したはやぶさの姿に、多くの日本人が感動を覚えました。

はやぶさのドラマティックな冒険。

一方、数学の世界の「フェルマー数」を巡る冒険でも、はやぶさと同じくらいに壮大な物語があったことは、あまり知られていません。

その旅を語るにあたり、まずは次頁の数字をご覧ください。

◆フェルマー数 Fn

$$F_n = 2^{(2^n)} + 1 \text{（n は自然数）}$$

$$F_0 = 2^{(2^0)} + 1 = 2^1 + 1 = 3$$

$$F_1 = 2^{(2^1)} + 1 = 2^2 + 1 = 5$$

$$F_2 = 2^{(2^2)} + 1 = 2^4 + 1 = 17$$

$$F_3 = 2^{(2^3)} + 1 = 2^8 + 1 = 257$$

$$F_4 = 2^{(2^4)} + 1 = 2^{16} + 1 = 65537$$

4294967297

これは「$F_n = 2^{2^n} + 1$」とあらわされるフェルマー数と呼ばれている数です。

この数の正体を解いたのは、スイスのレオンハルト・オイラーです。

十七世紀、フランスのピエール・ド・フェルマー（一六〇一〜一六六五）は、$2^{2^n} + 1$であらわされる数の面白い性質を発見しました。

$F_0$から$F_4$はすべて「素数」です。素

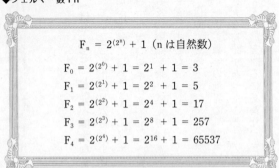

### ◆フェルマーの予想

$$F_5 = 2^{(2^5)} + 1 = 2^{32} + 1 = 4294967297$$

は素数だろう

素数とは、例えば「2」「3」「5」「7」のように、「1」とその数自身以外に約数（その数を割りきることのできる整数）がない数のことです。そして、フェルマーは上図のように、「$F_5$＝4294967297」も素数だろうと予想しました。

しかし、その数がどのような数の倍数になっているかを調べることは容易ではありません。

フェルマーから約百年後、一七三二年に計算の名手オイラーはフェルマーの予想が誤りであったことを示しました。

すなわち、「4294967297」は素数ではなく、「1」以外の約数「641」「6700417」を持っていたのです。「641」と「6700417」は、ともに素数です。そのため「641×6700417」は、素因数分解になっています。

オイラーは、当てずっぽうに計算して「641」で割り切れることを見つけたのではありません。

そこには、戦略がありました。

### ◆フェルマー数4294967297は素数ではなかった！

$$F_5 = 4294967297 = 641 \times 6700417$$

オイラーは、フェルマー数が、「合成数（6＝2×3のように、素数の積になっている数）」ならば、どんな数を約数に持つのかを考えたのです。

それが、n番目のフェルマー数が「合成数」ならば、「（整数）×$2^n$＋1」を約数に持つということでした。

すると、「n＝5」の場合には、「（整数）×$2^5$＋1＝（整数）×32＋1」となります。「（整数）」に「1、2、3、…」と代入していった値で「4294967297」を割ってみればいいことになります。

はたして、（整数）が「20」の場合が「641」となり、「4294967297÷641＝6700417」と割り切れることがわかったのです。

こうして、フェルマーの予想に対する反例が与えられました。

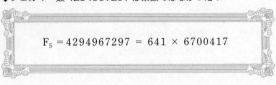

◆オイラーが示したフェルマーの予想への戦略

フェルマー数 $F_n$ が合成数ならば、

$F_n$ は、(整数) $\times 2^n + 1$ を約数に持つ

## 八十歳過ぎの数学者の大発見！

次のフェルマー数「$F_6$」は、オイラーから百五十年近くたった一八八〇年、フォーチュン・ランドリー(一七九八〜?)によって「素因数分解」されました。驚くべきことにランドリーが八十歳を過ぎてからの計算でした。

その後、フェルマー数が計算されるには、コンピューターの登場を待たなくてはなりませんでした。

そして現在、素因数分解が完全に解明されているフェルマー数は11番目までです。いかに素因数分解が困難であるかがわかります。こうして、この瞬間にもフェルマー数の探査が続けられています。

地球から約三億キロメートル離れた位置にある小惑星イトカワの探査に成功した小惑星探査機はやぶさの冒険が困難であったように、巨大な数に隠された素因数を探査することも難事業です。ちなみにはやぶさの軌道計算には一五桁の円周

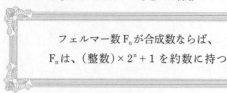

◆ランドリーの大発見！

$$F_6 = 2^{(2^6)} + 1 = 274177 \times 67280421310721$$

◆コンピューターで解き明かされていくフェルマー数

1970年

$$F_7 = 2^{(2^7)} + 1$$
$$= 59649589127497217 \times 5704689200685129054721$$

1980年

$$F_8 = 2^{(2^8)} + 1 = 1238926361552897 \times 934616$$
$$397153579777691635581996068965840512375416381885802803 21$$

◆フェルマー数は、11番目までは解き明かされている！

1988年

$$F_{11} = 2^{(2^{11})} + 1 =$$

$$319489 \times 974849 \times 167988556341760475137 \times$$

$$3560841906445833920513 \times$$ （564桁の数）

率計算が用いられたといいます。それは宇宙空間での軌道の誤差を考慮しての決定でした。

はやぶさのミッションの成功が私たちに無上の喜びを与えるように、「フェルマー数」の素因数探査の成功は私たちに興奮を与えてくれるといえるでしょう。見失いかけたはやぶさを再び手中に収めるという偉業はガウスを思い出させます。

数学者ガウス（一七七七～一八五五）はゲッティンゲンの天文台長もつとめるほどに天文学を大切にしていました。天文観測から「誤差論（正規分布）」や「最小二乗法」といった数学理論を考え出しています。さらに、一度発見されてその後見失われてしまった小惑星セレスを、ガウスは自らの数学理論を駆使して軌道計算に成功します。ついにはガウスの計算通りに小惑星セレスをキャッチすることになりました。それが「小惑星セレスの再発見」の偉業です。

遠く離れた小惑星セレスとガウスを結ぶのが数だったように、遠く離れたはやぶさと地上の管制室を結んだのも数でした。

数の探査と星の探査は意外にもつながりがあるのです。

◆小惑星探査機はやぶさと円周率π

見事に帰還を果たしたはやぶさの航路は、15桁もの円周率を駆使した緻密な軌道計算に支えられていた。

## 素因数探査の長い旅はこれからも続く

二つの大きな違いは、歴史の長さの違いです。人類が地球の重力に逆らって宇宙に飛び出してからまだ五十年ほどしか経っていないのに対して、「フェルマー数」の素因数探査は、一七三二年のオイラー以来、約二百九十年の歴史があります。

ロケットは大々的に火を噴射して宇宙に飛び立っていくのに対して、数の探査は、地上の机の上でひっそりとペンを走らせる音だけが響く静かな作業です。そもそもロケットが宇宙探査できるのも数と数学の利用があってのことです。私たちが目の前にある数に思いを馳せる気持ちこそがはじめの一歩なのです。

# あなたの知らない世界

## この世には実在しない空間!?

数学の世界、そこにはじつにさまざまな世界が存在しており、聞いたことがない名前の「空間」が次々と登場します。まさに、あなたの知らない世界です。

少しだけ、その摩訶不思議《まかふしぎ》な世界を覗いてみましょう。

「世界」とは、元々私たち人間が活動する「空間」を意味しています。物理的空間、社会的空間、心理的空間などがそうです。

「Cyber Space」の訳である電脳空間なども、ヴァーチャルワールドといわれたりする私たちが活動する「世界」の一つといえるでしょう。

つまり「世界」とは、「空間」と言い換えられる言葉です。

数学の主役は「数」や「形」、はたまた「関数」だったりします。人間ではない彼らが生息する「世界」を、数学では「空間（Space）」と表現します。

## 新種発見のように空間と出合う

例えば、こんな数学の「空間」があります。

n次元ユークリッド空間。n次元実内積空間。部分空間。エキゾチックな四次元空間。非ユークリッド空間。射影空間。双対射影空間。複素射影空間。モジュライ空間。線型空間。位相線型空間。ノルム線型空間。計量ベクトル空間。双対ベクトル空間。接ベクトル空間。位相ベクトル空間。商線型空間。直和空間。直交補空間。n次元アフィン空間。距離空間。完備距離空間。バナッハ空間。ヒルベルト空間。関数空間。双曲空間。位相空間。ハウスドルフ空間。ルベーグ空間。ソボレフ空間。連続的双対空間。

じつにさまざまな「空間」がありますね。名前を覚えるだけでも一苦労です。そして、数学の「空間」の特徴は、その定義にあります。数や形の「世界」を探検していくと、いろいろな特徴を持った数たちに遭遇します。

数学者はその「特徴」を的確に、正確に、精密に、そしてできるだけ単純にとらえていくのです。

そうして、探検の結果として数たちがどのような空間に生息しているかが解明されていきます。

それは、生物学者が新種の生物の生態を観察して、名前をつけて分類することに似ています。

## ベクトルという存在

ベクトルとは矢印のことをいいます。矢印は「向き」と「大きさ（矢印の長さ）」を併せ持った存在です。ベクトルの性質を持つ物理的な量をベクトル量といいますが、ベクトル量は身近にいろいろとあります。

例えば「風」がそうです。「南南西の風、風力3」は、風の向きと強さをあらわしています。車の速度もじつはベクトル量です。車は瞬間ごとに、ある向きに、ある速さで運動しています。それが速度ベクトルです。速度ベクトルの大きさが速さです。

数学を学ぶ大学生の多くが最初に習うのは「線型代数学」です。「代数学」は、数の代わりに文字を用いて計算する数学で、「線型代数学」は、行列・行列式などの理論を体系化したものです。

じつは、ベクトルは「線型空間」という世界に生息しています。

次頁の図が、その風景です。

いったい、この図の中のどこに「矢印→」があるのでしょうか。

高校数学では、ベクトルは文字の上に矢印をつけて「$\vec{v}$」のように習いますが、さらに数学を勉強すると、ベクトルは単に「v」とあらわされてしまい、全く矢印が消えてしまうことに戸惑います。

さらに、その定義の内容――「ベクトル空間」とはどのようなものなのか、この数式からはすぐに想像できません。

「空間」の洗礼を受けるようなものですが、それでも辛抱強く「ベクトル空間」を相手にしていくと、この風景がどこからやってきたのか、その原風景が見えるようになってきます。

「実数」「座標（x、y）」「複素数」「多項式」「関数」――学校で学んできたこれらの対象は、じつはすべて「ベクトル空間」の例だったのです。高校ではそんなことを一切知らされず個別に教えられてきましたが、じつはすべて同じ性質を持つ「空間」に生息する存在でした。

### ◆ベクトルとは…？

**ベクトル空間とベクトルの定義**

Vの任意の元u、vと、任意のスカラーαに対し、
和：u+v および スカラー倍：αu
が定義されており、それらが再びVに属するとする。

v、wをVの任意の元、α、βを任意のスカラーとするとき、
以下が成り立つ。

| | |
|---|---|
| (1) (u+v)+w=u+(v+w) | (5) α(βv)=(αβ)v |
| (2) v+w=w+v | (6) 1v=v |
| (3) 0+v=vとなる元のvの存在 | (7) α(v+w)=αv+αw |
| (4) v+(−v)=0となる元の−vの存在 | (8) (α+β)v=αv+βv |

このときVをベクトル空間と呼び、Vの元をベクトルと呼ぶ。

ところで、なぜ「ベクトル空間」が「線型空間」とも呼ばれるのでしょうか。それは、二つのベクトル空間の間にかかる「橋（写像）」が「線型性」という特徴を持つからです。

「線型写像」という橋によって、空間同士がつながるという性質を持った「空間」が「ベクトル空間」だということです。

### 経済学でもベクトルは活躍

そして、経済学や物理学もこの「ベクトル空間」の恩恵を受けています。

ミクロ経済学や量子力学といった二十世紀を飾った理論は、「ベクトル」と「ベクトル空間」によって見事に説明できるので

す。

「ベクトル」から見える風景は、抽象画のようなもの。それゆえに、わかりにくいのは仕方ないことですが、なぜ抽象的なことが重要なのかを知っておくことが大切です。

抽象画は、多くの具体的な風景から共通する特徴を抽出して描かれる絵画技法です。いったん抽象化されると、適用される世界が途方もなく広がることが最大の魅力です。例えば抽象画に描かれた赤い丸は、リンゴにもなり、何かをあらわすシンボルにもなり、ただの赤い丸にもなりうるのですから。

人類は、「ベクトル空間」という抽象画を描くまでに数千年かかりました。先にリストアップしたさまざまな「空間」も「ベクトル」と同じです。よくわからない、とらえどころのない世界を探検して目を凝らしていくうちに、はっきりと対象を見極めることができた証《あかし》。それが「〜空間」というわけです。

## 妖怪と空間の意外なつながり

漫画家水木しげる（一九二二〜二〇一五）といえば妖怪ですが、その妖怪の世界もまさに「あなたの知らない世界」です。

巨匠の頭脳内に繰り広げられる水木ワールド。妖怪の世界を舞台にした数々の漫画は、水木自身の手を通して描かれた渾身《こんしん》の作です。

私たちは、それぞれの頭の中に考え出される自分独自の「世界」を持っています。それゆえに、その世界を他人と共有することは簡単ではありません。

水木しげるは、漫画という絵を通して彼の思い描く「世界」を形にして、多くの人々とコミュニケーションをとることに成功しています。

水木漫画の世界に浸る時、おそらく妖怪がこの世に存在しないことなど問題にはなりません。

間違いなくこの妖怪は、水木しげるの世界には存在すると信じさせる力があります。妖怪という非現実的存在に対して、圧倒的なリアリティを感じてしまうふしぎさを味わうことができます。数学も、水木漫画と同じようにとらえることができます。

数学の世界に浸ることができた時にキャッチできるリアリティがあるのです。ただその世界に浸るためには、数学独特の言葉に慣れなければならないところが漫画と違う点です。

数学世界を探検していくと「数」や「形」、「関数」「ベクトル」といった〝登場人物〟に出会います。

すると数学者は、彼らの住処《すみか》を探そうとするのです。それが数学の「空間」です。

ロシアに、レフ・ポントリャーギン（一九〇八〜一九八八）という数学者がいました。彼は少年時代の事故で全盲になってしまいますが、それにもかかわらず幾何学を研究しました。彼は目が見えなかったことを不満に思ったことがないどころか、それがかえってよかったとさえ語っています。

目が見えないおかげで、見える世界があるということです。

水木しげるは、漫画により見事に私たちの知らない世界を教えてくれました。それと同様に、数学者は「私たちの知らない世界」を教えてくれるのです。

# 分数の割り算はなぜひっくり返すの？

## 分数の割り算のふしぎ

数学といえば公式、公式といえば数学。

小学校で習う分数の計算、とくに分数の割り算の計算方法は、私たちが公式として覚える最初のものかもしれません。

この分数の計算ですが、大人になってふと思い返してみると「ふしぎだな？」という感想を持ったことはないでしょうか。なにげなく計算に使っている分数は、よく考えてみると多くの「？」に満ちています。

割り算とは何なのか、もう一度復習してみましょう。

6÷2＝3

6の中に2がいくつ含まれるか、それが割り算という計算です。

分数で割る場合も同じに考えてみます。

◆分数の割り算を図にすると…

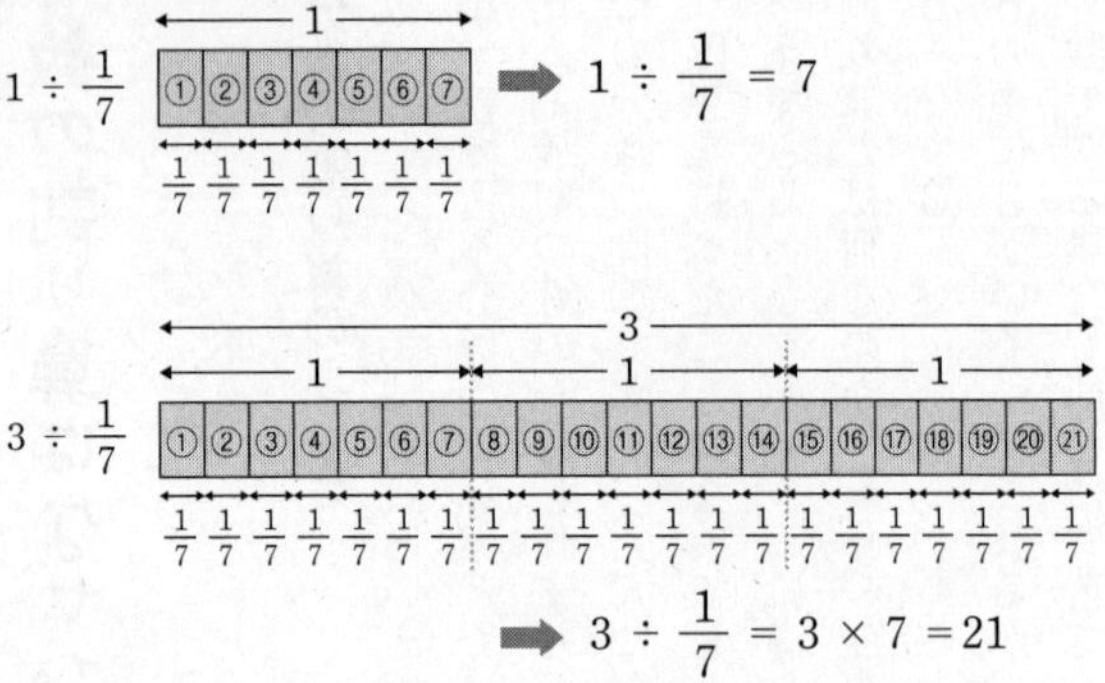


$1 \div \frac{1}{7} = 7$

1の中に、$\frac{1}{7}$がいくつ含まれるか。

答えは「7つ」です。

これを基本とすれば、「$3 \div \frac{1}{7} = 3 \times 7 = 21$」が理解できるでしょう。割る数「$\frac{1}{7}$」が分数の場合、分子・分母がひっくり返り、計算されていることが見てとれます。

## ペンキの問題で割り算を考える

それでは、別の例で分数の割り算を考えてみましょう。「ペンキで壁を塗ってみる」という問題です。

1リットルで3メートルを塗ることがで

◆ペンキで壁を塗ってみる

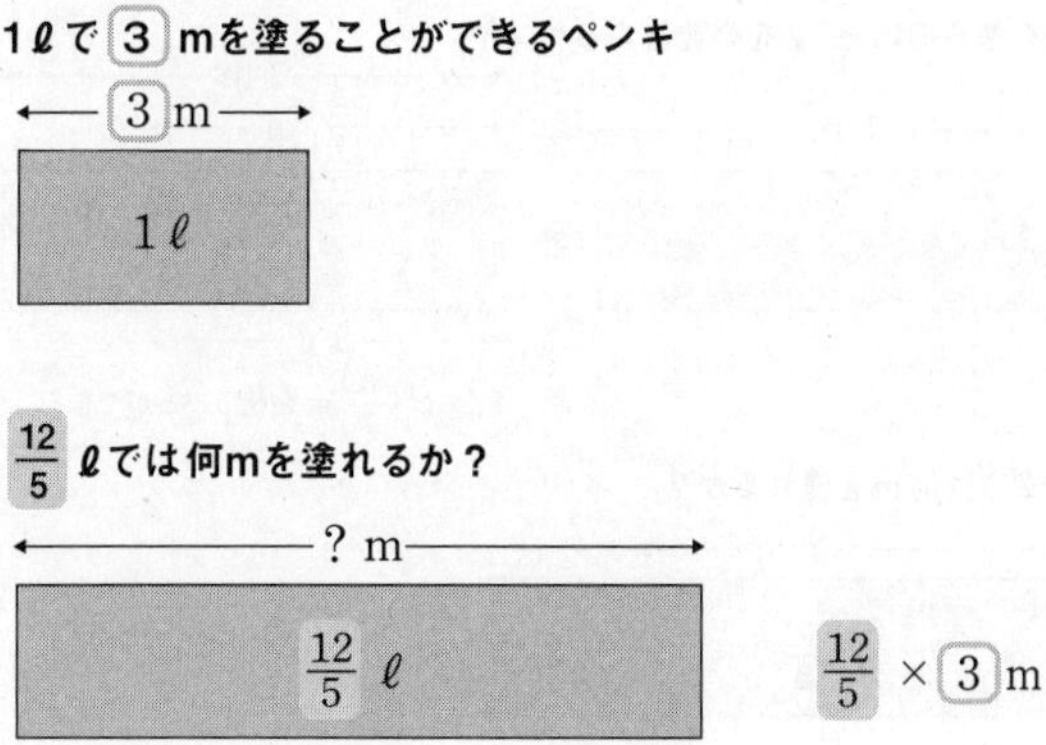


きるペンキがあります。$\frac{12}{5}$リットルでは何メートルを塗れるでしょうか。

答えは「$\frac{12}{5}\times 3$（メートル）」と、かけ算で求めることができます。

それでは次に、1リットルで何メートルを塗れるかではなく、1メートルを塗るには何リットルのペンキが必要になるかを考えてみましょう。

## 1メートルを塗るのに必要な量は？

1メートルを塗るのに$\frac{7}{5}$リットルを必要とするペンキが、$\frac{12}{5}$リットルあれば何メートルを塗ることができるでしょうか。

まずは、分数の式で考えてみます。

◆等分するとすんなりわかる

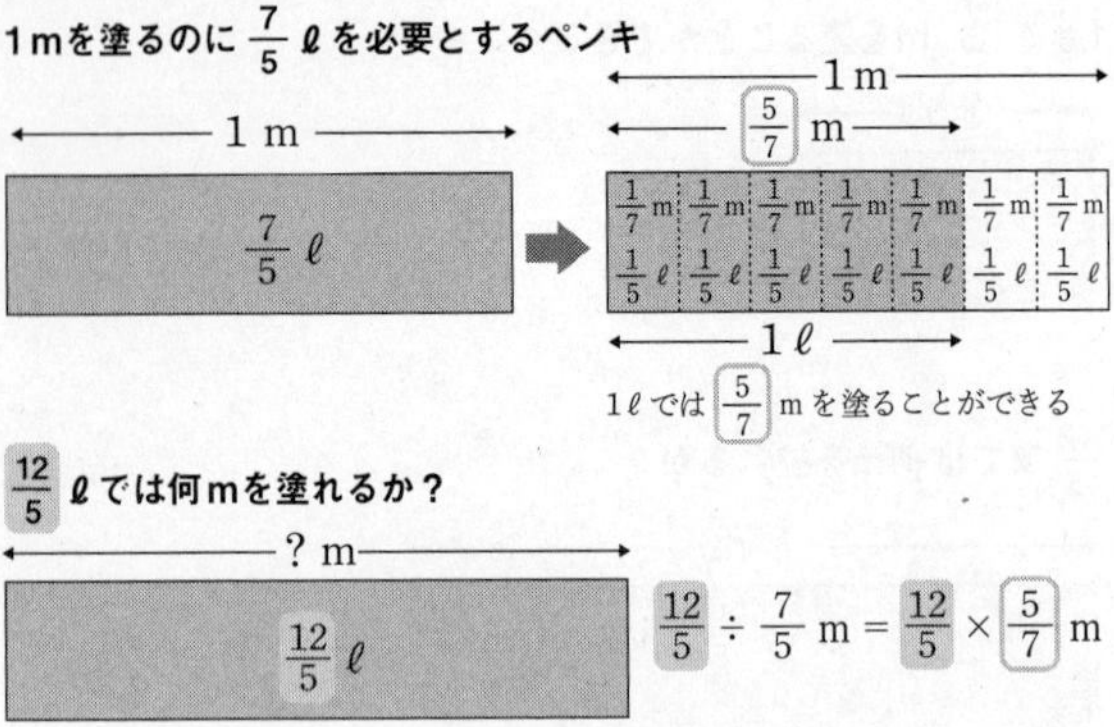


$\frac{12}{5}$リットルは、$\frac{7}{5}$リットルの何倍ですか。

それがわかれば、それを1メートルにかけた値が求める長さになります。

すなわち、答えは「$\frac{12}{5} \div \frac{7}{5}$（メートル）」ということです。

もし、この分数の割り算がわからないとしても解き方はあります。

上図を見てください。図には1メートルと$\frac{7}{5}$リットルと記されています。その図を七等分すると、右矢印で展開した図になります。

すると一つの帯が$\frac{1}{7}$メートルで$\frac{1}{5}$のペンキが必要ということがわかります。

ペンキ1リットル、つまり五つ分の帯で塗

れるのは、「$\frac{1}{7}$が五つ＝$\frac{5}{7}$（メートル）」とわかります。

すなわち、前の問題で解いたように、かけ算「$\frac{12}{5}\times\frac{5}{7}$（メートル）」で答えを求めることができます。

したがって、「$\frac{12}{5}\div\frac{7}{5}=\frac{12}{5}\times\frac{5}{7}$（メートル）」となるわけです。

つまり、「1メートルあたりaリットルが必要なペンキ」は、逆にいうならば「1リットルあれば$\frac{1}{a}$メートルを塗ることができる」という意味に変換できるということです。基準とする視点を変えることで計算も変わるのですね。

aが$\frac{1}{a}$になる。

それが、まさに分数がひっくり返ることを意味しています。分数の「割り算」は、「かけ算」に変換できる――。このことをペンキの問題を通して理解することができました。

## 気がつくと覚えている公式

ちなみに小学六年生の算数の教科書では、「$\frac{a}{b}\div\frac{c}{d}=\frac{a}{b}\times\frac{d}{c}$」のような分数の割り算の公式は記述されていません。

しかし一四〇頁の図の説明は、私が習った小学六年生の算数の教科書に載っていたものです。

私たちは、「分数の割り算は、割る数の分母と分子をひっくり返してかけ算にする」ことを、公式としていつしか覚えてしまっています。

公式として覚えることは「なぜ」の部分が小さくなってしまうことも意味しています。膨大な数学の公式を、いちいちその「なぜ」を理解しないと使えないのだとすれば、それはそれで不便です。ですから、公式を覚えること自体は、けっして悪いことではありません。「なぜ」を超えて気軽に公式が使えることには、十分に大きな意味があります。

数学の世界において、公式は結果です。

さまざまな条件を整理して、まとめていく中で、集約されて一つの数式に結晶化したもの――それが公式です。

「使う」という観点で眺めた時、公式は、必要とする結論に素早く私たちを導いてくれる頼もしい助《すけ》っ人《と》になります。

## 数学は公式発見のリレー

しかし、公式を結果、ゴールとしてだけ考えると、「数学という物語」がつまらなくなっていくのは当然です。例えば、どんな昔話も、「はじまり」と「おわり」の間にある「エピソード」を追うことで、しっかりと、深く、その魅力を味わえます。

昔話の結末だけを聞いても面白いと思えないように、数学という物語も、公式という結論を知るだけではあまり面白いとは思えません。

そして、公式は、また別の新しい公式の発見につながっていきます。数学は、数学者から数学者へと「公式発見のリレー」で進歩してきました。

いままで覚えてきた公式という「結論」を、「なぜ」という問いかけの眼差《まなざ》しで見つめる——すると公式は、物語の「はじまり」に変わります。

公式から、あなたがこれまで出合っていなかった計算を巡る旅が幕を開けるのです。

# どうして0で割ってはいけないの？ ーたのしい数学授業

## 生徒からの素朴な質問

（ある教室にて）

ある日、生徒が質問しました。

生徒「先生、どうして割り算では0で割ってはいけないんですか？」

さて、その質問をしに来た生徒には、ゆっくり丁寧に説明をしてあげることにしましょう。きっと勇気をふりしぼって先生のところにやってきたのですから。

先生「すばらしい質問をありがとう。普通はどうして？と思うことがあっても、あまり先生のところへ質問しには来ないよね。変に思われてしまうと心配してしまうから。でも、そんなことはありません。君の疑問はとてもまともで、それは

## ◆割り算は「かけ算ありき」

$$2 \times 3 = 6 \Rightarrow 6 \div 2 = \frac{6}{2} = 3$$

$$4 \times 3 = 12 \Rightarrow 12 \div 3 = \frac{12}{3} = 4$$

$$5 \times 1 = 5 \Rightarrow 5 \div 5 = \frac{5}{5} = 1$$

大切な質問です」

なぜこの質問が大切なのでしょうか。

それでは、先生の説明にじっくり耳を傾けてみることにしましょう。まずは、割り算とは何かを、もう一度考えてみるところから始めます。上図を見てください。

このように割り算という計算は、「ある数が他の数の何倍であるかを求める計算」です。つまり、「はじめにかけ算がある」と考えることができるのです。例えば6÷2は「6は2の何倍か」を求める計算です。はじめに「2を3倍すると6になる」という考えがあるのです。こうして、割り算とかけ算は対応していることがわかりました。

## 0のかけ算の答えは…

それでは、0で割る「割り算」を考えてみましょう。

例えば、「3÷0＝?」とは「3は0の何倍か」という計算です。これをかけ算の式であらわすと「0×?＝3」となります。

つまり、

「0×?＝3」→「3÷0＝?」ということです。

さて、このかけ算の式を眺めて「?」にどんな数が入るかを考えてみましょう。0に何かをかけると3になる——。そんな数は存在しません。

そうです、「3÷0」の答えは「ない」ということです。

つぎにもう一つ、0を0で割る計算があります。

「0÷0」です。これまでと同じようにかけ算の式を探してみましょう。

「(かけ算の式)」→「0÷0＝?」

すると「(かけ算の式)」は、「0×?=0」です。
さあ、「?」に当てはまる数はあるでしょうか。
今度は、たくさんあります。
0×0=0
0×1=0
0×2=0
0×3=0
「?」にはどんな数でも当てはまるということですね。
すると、
0÷0=0
0÷0=1
0÷0=2
0÷0=3

ということになってしまいます。

つまり「0÷0」の答えは「無数にある」となるのです。

## 「0で割ってはいけない」の正体

「6÷3」は、「＝《イコール》2」と、答えが一つに定まるからこそ割り算として意味があるのです。これは割り算に限らず、すべての計算についていえることです。

「3＋5」「6−4」「8×3」のいずれも答えが一つに決まります。「a÷0」という計算は、「答えが一つに定まらない」ということなのです。

これが「0で割ってはいけない」の正体です。

これを数学では「計算（演算）が定義されない」といい、次頁の図のようになります。

「計算が定義されない」なんて、これまで聞いたことがなかったかもしれません。それは無理もないことで、小学校から習う計算のすべては「定義できる」ものしか扱っていないからです。

### ◆「a ÷ 0」は定義されない！

「a が 0 以外の場合」➡「a ÷ 0」の答えは一つもない。

「a が 0 の場合」➡「a ÷ 0」の答えは無数にある。

よって、「a ÷ 0」は定義されない。

私たちが学校で学んできた算数や数学には、次のような言葉が省略されていました。

「いまからみなさんがチャレンジするこの計算は、このようにきちんと定義されています。さぁ、安心して計算していいですよ」

「0で割る計算」は、その言葉にあらわされない前提を教えてくれるいい題材です。

だからこそ「どうして0で割ってはいけないんですか？」という質問は大切だったのです。

# 0乗すると、なぜ1になるの?

## 信じるよりも納得しよう

$a^0=1$。

学校の授業で、私たちはそのように習います。

「どうして、0乗すると1になるんだろう?」と、感覚的にしっくりこなかった人もいるのではないでしょうか。けれど、学校で詳しい理由は教わりません。

イマイチ腑《ふ》に落ちないけれど「とりあえず、aの0乗は1と覚えておこう」「先生がそう言うのだから信じよう」と考えた人も多いと思います。

しかし、数学は「信じる」ものではありません。信じるのではなく、自分で合点《がてん》がいくまで考えてみると、意外な楽しさと出会うことができます。

それでは、「0乗に納得」できるように考えてみましょう。

◆2の指数を並べてみると…

$2^5=32$ →（$\frac{1}{2}$倍）→ $2^4=16$ →（$\frac{1}{2}$倍）→ $2^3=8$ →（$\frac{1}{2}$倍）→ $2^2=4$ →（$\frac{1}{2}$倍）→ $2^1=2$ →（$\frac{1}{2}$倍）→ $\mathbf{2^0=?}$

◆3の指数を並べてみると…

$3^5=243$ →（$\frac{1}{3}$倍）→ $3^4=81$ →（$\frac{1}{3}$倍）→ $3^3=27$ →（$\frac{1}{3}$倍）→ $3^2=9$ →（$\frac{1}{3}$倍）→ $3^1=3$ →（$\frac{1}{3}$倍）→ $\mathbf{3^0=?}$

## 〈0乗に納得！　STEP①〉

さて、上図をご覧ください。これらを眺めて気がついたことはありませんか。指数部分に注目すると、「5、4、3、2、1と、1ずつ小さくなる」と、右辺の値はそれぞれ「$\frac{1}{2}$倍」「$\frac{1}{3}$倍」ずつ小さくなっていますね。

この関係がさらに続くとすれば、「$2^0$」「$3^0$」は、それぞれひとつ手前の「2」と「3」の「$\frac{1}{2}$倍」「$\frac{1}{3}$倍」となるので、つまり「1」となるのです。

さらに小さくして、マイナスの指数に対する値も考えてみましょう。

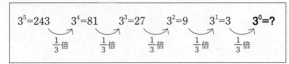

◆指数をマイナスにしてみると…？＜2の場合＞

| | | | | | |
|---|---|---|---|---|---|
| $2^5=32$ | $2^4=16$ | $2^3=8$ | $2^2=4$ | $2^1=2$ | $\mathbf{2^0=1}$ |
| $2^{-1}=\dfrac{1}{2}$ | $2^{-2}=\dfrac{1}{4}$ | $2^{-3}=\dfrac{1}{8}$ | | | |

◆指数をマイナスにしてみると…？＜3の場合＞

| | | | | | |
|---|---|---|---|---|---|
| $3^5=243$ | $3^4=81$ | $3^3=27$ | $3^2=9$ | $3^1=3$ | $\mathbf{3^0=1}$ |
| $3^{-1}=\dfrac{1}{3}$ | $3^{-2}=\dfrac{1}{9}$ | $3^{-3}=\dfrac{1}{27}$ | | | |

### 〈0乗に納得！ STEP②〉

さて、これまで展開してきたように、指数は「何回かけるか」をあらわした自然数です。そして、指数の変化のルールを延長して考えることで、指数部分を「0」にすること、負の整数にすることまでを考えられるようになりました。このルールを「指数法則」といいます。

さて、この法則から「$a^0=1$」の謎を解く扉が完全に開かれます。クラインの壺《つぼ》で有名なドイツの数学者フェリックス・クライン（一八四九〜一九二五）が述べていたように、公式は、その声に耳を澄ませると多くのことを語り始めるのです。

次頁の図をご覧ください。「すべての実

### ◆指数法則

**指数法則**

すべての実数x、yに対して、

$$a^x \times a^y = a^{(x+y)}$$

フェリックス・クライン
(1849~1925)

数x、yに対して」と書いてありますね。

そこで、「$y=0$」としてみましょう。すると、「$a^x \times a^0 = a^{(x+0)} = a^x$」となり、「$a^0 = 1$」という答えが得られます。

わかりづらければ、「$x=2$、$y=0$」としてみてもいいでしょう。「$a^2 \times a^0 = a^{(2+0)} = a^2$」となるので、やはり「$a^0 = 1$」となるのです。

**〈0乗に納得！ STEP③〉**

こうして、指数法則には「$a^0 = 1$」が含まれていることがわかりました。すると、負の指数に対する式の意味がわかることになります。

指数法則により、「$x=1$」「$y=-1$」とすると、$a \times a^{(-1)} = a^{(1-1)} = a^0 = 1$となり、$a^{(-1)} = \frac{1}{a}$が得られます。

これを、$y = -x$とすれば、$a^x \times a^{(-x)} = a^{(x-x)} = a^0 = 1$となり、$a^{(-x)} = \frac{1}{a^x}$となるのです。

「なぜ$a^0 = 1$なのですか?」――その問いに対する答えは、指数法則の中にきちんと収納されていたのです。

## 世界で一番簡単な説明!?

数式なしで「0乗が1」であることを説明できます。コピー用紙を一枚準備します。1回半分に折るとコピー用紙の厚さははじめの2倍に、2回半分に折れば4倍、3回では8倍、…です。「2の1乗が2、2の2乗が4、2の3乗が8」ということです。

さて、半分に折らないはじめの状態とは、0回半分に折ることです。0回半分に折ったコピー用紙の厚さは、そのままのコピー用紙ですから厚さは変わらず1倍です。これは「2の0乗が1」をあらわします。

# 江戸時代の旅する数学者

## 江戸時代の「寺子屋」の多様性

江戸時代、庶民の数学のレベルは、世界的に見ても「特異的」といえる程に高いものでした。寺子屋には、現代の学校や塾とは違った学びの姿があったのです。現代の子どもにとって勉強は「受験」と切り離せません。受験のある・なしで、受験科目の違いで、勉強の中身や取り組み方が変わってきます。

しかし、江戸時代にいまのような受験制度はありませんでした。年齢別、習熟度別というようなこまやかなシステムはなく、幼い子どもから青年までが一緒になって学んでいたのです。

学ぶ内容も習字、そろばんとさまざまです。そして、江戸時代前期の数学者、吉田光由《よしだみつよし》（一五九八～一六七二）による『塵劫記《じんこうき》』は世代を超えた算術のテキストとして、江戸の庶民に読み継がれていきました。

### ◆『塵劫記』に学んだ関孝和《せきたかかず》

関孝和は『塵劫記』を独学した後、日本独自の数学「和算」を大きく発展させた。

こうして、寺子屋で学んだ子どもの中から、数学者たちが生まれていったのです。

## 旅をする数学者「遊歴算家」

いったい江戸と現代では何が違っているのでしょうか。

それは、数学を教える先生の多様な存在にあったと考えられます。当時は軒先に「算法塾」と看板を出せば、行列ができるほど需要があり、数学に自信がある者なら簡単に教えることができました。

しかし、江戸のような大都市であれば寺子屋がたくさんあったでしょうが、地方ではそうはいきません。

和算が都市から地方にも広がっていった

のは、現代では考えられないような教師の存在があったからです。

それは、全国を旅しながら数学を教えていた和算家——「遊歴算家《ゆうれきさんか》」といわれる人々です。

## 数学問答で知を競う！

「遊歴算家」の中でも有名なのが山口和《やまぐちかず》（?～一八五〇）です。越後生まれの山口は、江戸で人気のあった長谷川寛《ひろし》道場で和算を学びました。

『奥の細道』で知られる松尾芭蕉《まつおばしょう》（一六四四～一六九四）の没後百年を迎えた頃、山口は奥州に旅立ちます。彼は、行く先々で「江戸から数学の大先生が来た」と引っ張りだこになりました。

地方の名主たちは、彼を自分の家に泊まらせて和算を習い、それだけでは飽き足らず、村に和算塾を作り、村人に和算を習わせたといいます。いかに庶民の知的欲求が大きかったかがうかがい知れます。

文化十五年（一八一八）、山口は岩手一関《いちのせき》の和算家千葉胤秀《ちばたねひで》（一七七五～一八四九）に出会います。千葉は、仙台に三〇〇〇人もの弟子を持つ遊歴算家でした。

自分と同じような和算家の存在を知った山口は千葉を訪ね、互いに問題を出し合う「和算問答」に挑みます。勝負は、山口の圧勝でした。山口に敗れた千葉は彼の弟子となり、長谷川寛道場で研鑽《けんさん》を積み、関流免許皆伝を受けることになったのです。この千葉胤秀は多くの弟子を育て、江戸時代後期の一関地域を全国有数の和算の中心地へと発展させました。

## 数学が憧れだった江戸時代

千葉が一八三〇年に著した『算法新書《さんぽうしんしょ》』は、秘伝となっていた和算を公開し、自学自習できる優れた教科書として全国でベストセラーとなりました。

千葉胤秀について特筆すべきことは、彼自身が農民の出であり、彼に学んだ多くの人間が農民層であったことです。江戸後期、東北地方では和算を中心に知的な農民文化が発達していたのです。

いまはない寺子屋といった和算を教える環境があり、遊歴算家などの和算家が大勢いた江戸時代。子どもはその大人たちの姿に憧れ、和算を学んでいたのです。

Part Ⅲ

# 超 面白くて眠れなくなる数学

# 日本人と数学は「超」が好き

## チョー数学？

「チョー（超）かわいい」という言葉が使われはじめたのはいつ頃だったでしょうか。いまでは「まじかわいい」や「リアルかわいい」などの表現に変わってきたとも聞きますが、「超」は使い続けられています。

「ただごとではない、すごい」ということをあらわす「超」は、「チョーうまい、チョーやばい」といった日本語を通り越し、「チョベリグ（超 very good）」という英語とセットの言葉にまでなりました。

そういえば、以前には「超合金」がはやりましたし、本書の書名も『超 面白くて眠れなくなる数学』ですね。

本当に日本人は「超」が、超大好きです。

さて、数学の世界でも「超」がつく言葉に出会います。

超空間、超越数、超関数……。
なぜこのように「超」がついたのかを探ってみると面白いことが見えてきます。

## 数学の世界の「超」たち

▼hyperから生まれた「超」たち
**超空間、超平面、超曲面、超球面、超幾何級数**

「超空間」は「hyper space」の訳です。同じように「超平面」「超曲面」「超球面」は、それぞれ「平面（plane）」「曲面（curve）」「球面（sphere）」に「hyper」がついた英語の日本語訳です。

私たちが通常実感する空間は、縦、横、高さの三つの方向がある三次元空間です。しかし、現代数学はそこから出発して、さらに高い次元の空間を考えることに成功しました。それが「hyper」がつく空間、「超空間」です。「hyper」を日本語では「超」と訳しています。正確な定義を少しだけ紹介すると、例えば超曲面とは

「n次元ユークリッド空間」の中の「n-1次元部分多様体」のことをいいます。

さらには「超幾何級数」という、想像を超えた感じがするものもあります。「hyper geometric series」のことで、やはり「hyper」が「超」と訳された言葉です。高校でも習う二項定理（$(a+b)^n$の展開をあらわす公式）を一般化したものなので「超」がついています。

次は「trans」が、「超」と訳された用語です。

▼transから生まれた「超」たち①

**超越数（transcendental number）**

「transcendental」は、「一般常識を超えた、卓越した」という意味の他に「難解な、抽象的な」という意味もある言葉です。

無理数である円周率$\pi$は、じつは「超越数」です。しかし、同じ無理数である$\sqrt{2}$は超越数ではありません。「代数的数（algebraic number）」といわれる数です。「代

◆ぱっと見では違いがわからない!?

**超越数と代数的数**

超越数 $\pi$ = 3.14159265358979323846264338327…

代数的数 $\sqrt{2}$ = 1.41421356237309504880168872420…

数的数」とは有理数を係数とする多項式の根である数です。

さて、上図をご覧ください。$\pi$も$\sqrt{2}$も、どちらも小数点以下が無限に続く無理数で、こうして見ていると、両者はとてもよく似た仲間同士のように見えます。

ところが、これらの間には「卓越した」ともいえるほどの違いがあることが、明らかになったのです。

$\sqrt{2}$という数は、「$x^2=2$」という方程式の解です。

ところが$\pi$にはそのような方程式がありません。$\pi$のように、どんな方程式の解にもならない数を「超越数」といいます。どんな方程式をも「超越」しているという意味で「超越数」です。

言ってみれば$\sqrt{2}$という数は「お母さん方程式」があり、そこから生まれた子どものような数だということです。「代数的数」には「お母さん方程式」があるということです。「超越数」とはその逆に、「お母さん方程式」がない数のことなのです。

私たちが知っている整数や有理数、$\sqrt{}$であらわされる無理数は、ほとんど「代数的数」です。ところが、ドイツのゲオルク・カントール（一八四五〜一九一八）によって、とんでもないことが証明されてしまいました。ほとんどの数は「超越数」だというのです！

直線上の点に数を対応させてあらわす時、この直線を数直線といいます。この数直線上のほとんどの点は、「超越数」をあらわす点だという驚きの事実に数学者は衝撃を受けました。

「ある数が超越数かどうか」の判定は極めて難しいものです。そんな中、一八八二年に「$\pi$が超越数であること」が、ドイツの数学者フェルディナント・リンデマン（一八五二〜一九三九）によって証明されました。

こうして、$\pi$には「お母さん方程式」がないことが判明したのです。「超越数」は難解きわまりない数で、未だ解き明かされていないたくさんの謎があります。ちなみに「2の$\sqrt{2}$乗」も超越数です。

## ドミノのような数学

▼transから生まれた「超」たち②
**超限帰納法（transfinite induction）**

高校で習う数学的帰納法は、「超限帰納法」です。数学的帰納法とはわかりやすくいえばドミノ倒しのことです。

「すべての自然数」について成り立つ定理を証明する場合に、すべての自然数を一つ一つ証明していくことは不可能です。

そこで考え出されたうまい方法が数学的帰納法です。

自然数の最初、つまり「1」の場合に証明されると、次に「2」の場合、すると次には「3」の場合という具合に、順々に証明することで無限にある自然数のすべての場合について証明ができたことになるという証明方法です。まさにこの様子はドミノ倒しのごとくです。

「finite」が「有限」という意味なので「transfinite」は「有限を超える」という意味です。ちなみに「無限大」をあらわす「infinite」は、「finite の否定」という意味です。

有限を超えていく、というドミノ倒しの様がまさに「transfinite」なのであり、その先に「finite（有限）」の反対である「infinite（無限）」があるのです。

これら以外にも、「超」がつく用語はまだまだあります。

▼まだまだある「超」たち　その①

**超準解析（nonstandard analysis）**

じつは「無限大」や「無限小」は数ではありません。

無限大（∞）は数ではなく「限りなく大きくなっていく状況」で、無限小は「限りなく0に近い量」という言葉です。

多くの人が「∞」を数と思っているように、数学者も「∞」を数として扱うことはできないかと悩み、考え抜いた結果、それを実現させたのが「超準解析」という新しい考え方でした。超準解析の考え方ではじめて、「∞」は数として扱えるようになったのです。

## ▼まだまだある「超」たち　その②
## 超数学（metamathematics）

「超数学」は、数学にとって重要な「証明」そのものを研究する数学です。ドイツの数学者ダヴィッド・ヒルベルト（一八六二〜一九四三）によって考え出された「基礎論」といわれる分野です。

例えば、オーストリアのクルト・ゲーデル（一九〇六〜一九七八）による有名な一節「数学の中には証明することもできないし、その否定も証明できない命題が存在する」という「ゲーデルの不完全性定理」は「超数学」です。

このように数学にも「超」がつく用語がありますが、その共通する特徴は「すごい」ということです。「これまでの数学を超えているもの＝超」ですから、「超」のつく数学用語は、新しいものがほとんどなのです。

その意味で、「超音速」「超並列」「超分子」など現代科学が「超」を使うのと同様といえるでしょう。

## 日本の数学者も「超」を生み出した！

さて、最後にとっておきの「超」がつく数学用語を紹介します。これまで紹介した「超」がつく数学用語は、すべて最初に外国語として考え出されたものを、日本語に訳したものでした。

ところが、最初から日本語として「超」をつけた数学用語があるのです。それが「佐藤の超関数」です。

ドイツのヘルマン・シュワルツ（一八四三〜一九二一）によって考え出された「distribution（分布）」を、日本では「超関数」と訳しました。

これは、日本以外の国では「distribution」、日本では「シュワルツの超関数」と呼ばれるものです。

そして佐藤幹夫（一九二八〜）によって独自に考え出された新しい関数「超関数」は、「hyperfunction」と英訳されたことで、世界の数学界で日本発の「超関数」が使われることになったのです。

「超関数」とは、まさにそれまでの関数を超えた画期的なアイデアで、物理学や工学にも応用される頼もしい存在です。このような「超関数」は、それまでの関数を一般化したものなので「generalized function（一般化された関数）」とも呼ばれますが、佐藤の「hyperfunction」は、シュワルツの「distribution」を超えて、数学界に燦然《さんぜん》と輝いているのです。

「超」が好きな日本から生まれた「超関数」。

こうして、日本人には「超」がお似合いであることが、数学の世界でも明らかになりました。

## 数学者は超能力者!?

「超」といえば、かつて超能力も流行しました。目に見えない力を操ってスプーンを曲げてしまう超能力者の様子に、日本中の人々がテレビに釘付けになったものです。

しかし、考えてみると、数学を応用しなければ実現できなかった「IT」の世界も、昔の人からみれば、スプーン曲げ以上に想像を超えた現象といえるでしょう。

例えば、明治時代の人が、タイムマシンでパソコンや携帯電話を当たり前に使いこなす現代にやってきたならば「これは超能力だ！」と叫ぶことでしょう。

もしそうなったら、現代の私たちは、ご先祖様に向かって、「その超能力の正体は数学なのです」と教えてあげなくてはいけません。

私たちは、数を発見し、その数と数の間にある見えない関係を見出し、それを応用するところまで進化してきました。

まさしく、数学は真の「超能力」です。さらに現代数学は、その超能力を超えていく「すごい」発見に対して、「超〜」という呼び名をつけたのです。

私たちは、数学という超能力を開発してきました。

これからも日本人は「超〜」を発見して、「超能力」に磨きをかけていくことでしょう。

数学って
チョ↗面白いね

# 3Dと2Dは、どっちがすごい？

## 3Dはなぜ人気？

いまは、テレビも映画もゲームも3D（3-Dimensions：三次元）の時代です。

立体とは言わずに、「3D」を宣伝文句に使うのはどうしてなのでしょうか。「3D」と言ったほうが、これまでに比べて高性能であることを明確に表現できるためでしょうか。たしかに、「平面から立体へ」という言葉よりも「2Dから3Dへ」と数字を使ったほうが、びしっと伝わる印象があります。

また、「D」すなわち「次元」という言葉にも効果があるようです。「次元」という言葉は、「区別する」「レベルの違いを述べる」というような意味合いで使われることが多いからです。

## 「君とは次元が違うんだ!」

私たちは日常会話の中で「次元が違う」などと使いますが、その感覚ですね。相手をけなす時には「次元が低い」と言い、逆に相手が優れていたり自分(もしくは世間の平均)を超えている時には「次元が高い」と言います。

それでは、この「次元」という言葉は、数学ではどのような意味を持つのでしょうか。

## 数学における「次元」

数学において、空間の広がり具合をあらわすもの——それが「次元」です。

「零次元空間」は点、「一次元空間」は直線、「二次元空間」は平面、「三次元空間」は立体的空間をあらわします。私たちが通常認識できるのは「三次元」までですが、座標を用いた「次元」の表現は決して難しいものではありません。

(1、2)は「二次元」、(1、2、3)は「三次元」、(1、2、3、4)は「四次元」、(1、2、3、4、5)は「五次元」というように、数の組の個数で「次元」をあらわすだけです。

つまり、「n個」の数の組（1、2、3、…、n）がn次元座標となります。

しかし、本来の図形、すなわち幾何の高次元世界から見えてくる「次元」の違いは、簡単ではないことが明らかになりました。

## ポアンカレ予想をめぐる数学者のドラマ

それは、「ポアンカレ予想」の証明です。

一九〇四年に、フランスのアンリ・ポアンカレ（一八五四〜一九一二）によって提出された次の問題は、百年あまりの時を経た二〇〇三年にロシアのグリゴリー・ペレルマン（一九六六〜）によって誤りがないことが証明されました。

「ポアンカレ予想」は、次のような三次元についてのものです。

▼ポアンカレ予想

**単連結な三次元閉多様体は三次元球面に同相である。**

これを「四次元以上」でも考えてみようとしたのが次の予想です。

▼高次元ポアンカレ予想

**n次元ホモトピー球面はn次元球面に同相である。**

さて、証明への道のりはこうです。まず五次元以上の「高次元ポアンカレ予想」は、アメリカのスティーブン・スメイル（一九三〇〜）によって一九六〇年に証明、次に一九八一年に四次元の場合が証明されました。

この時に、一大事件が起こります。

イギリスのサイモン・ドナルドソン（一九五七〜）が、「四次元空間」は特別な空間であることを証明してみせたのです。

彼は、一見すると同じようにみえる「四次元空間同士」でも、見方を変えると全く異なる「四次元空間」である空間が存在することを発見しました。

そして、ついにはペレルマンが、本来の「三次元」のポアンカレ予想を証明しました。「五次元以上」は意外に簡単、「四次元」が難しく、「三次元」がもっとも難関というのは、非常に興味深い点です。

◆ポアンカレ予想を証明したグリゴリー・ペレルマン

## 低次元は「次元が高い」？

何となく高次元のほうが難しいように思えますが、一概にそうとはいえないのです。低次元（「四次元」と「三次元」）のほうが格段に難しくなり、高度な証明方法を必要とします。

「ポアンカレ予想」の証明に貢献したスメイル、ドナルドソン、ペレルマンは、数学界のノーベル賞といわれる「フィールズ賞」を受賞することになりました。

しかし、最難関を突破してみせたペレルマンだけはフィールズ賞の受賞を辞退したのです。

彼は人間嫌いであるともいわれ、アメリカのクレイ数学研究所による「ポアンカレ予想」の証明の懸賞金一〇〇万ドルの受け取りも拒否して、いまはロシアで母親とひっそりと暮らしているそうです。

## 「超ひも理論」と次元

一方、物理学の世界でも似たようなことが起きていました。素粒子物理学という学問の最大の夢は、すべての素粒子を統一することです。

その夢を叶える最有力候補「超ひも理論」が示す時空の「次元」は、三二次元、一六次元、一二次元、一一次元、一〇次元です。

みなさんご承知の通り、この宇宙は四次元です。「たて」「よこ」「高さ」、そして「時間」の四つですね。

しかし、このように高次元を扱っている「超ひも理論」ですが、「なぜこの宇宙が四次元であるのか？」の説明には成功していません。

このように数学、物理学では、「高次元」よりも「低次元」のほうがその解明が困難なのです。

つまり、「次元」が高いことが必ずしも高度なことを意味するとは限らないのです。

そう考えると、最近流行している「次元上昇」には、げんなりするような気もします。

「ポアンカレ予想」と「超ひも理論」が示すように、「次元が高くなること」が尊いことではなく、むしろ、私たちがいま生きているこの「四次元時空」こそがもっとも神秘的であるということなのです。

それでも「次元上昇を！」という方には、数学をオススメします。数学では「無限次元ベクトル空間」「無限次元ヒルベルト空間」といったさまざまな「〝無限〟次元」が研究されているのですから。

「次元」は、空間の広がり具合をあらわす指標です。

一見すると「２Ｄよりも３Ｄ」が、さらには「もっと高次元」のほうが、高級で高度な感じがしますが、「低次元」ほど難しく謎に満ちているのは驚くべきことです。

そのうち、相手をけなす時に「次元が高い」、相手が優れている時に「次元が低い」という数学的に正しい使い方が広がるのかもしれませんね。

# 大地から生まれた単位

## 「一メートル」誕生物語

一メートル、一キログラム、一秒。

私たちが目の前にある何かを測ろうとした時に必要になる「単位」はすべて母なる大地「地球」から生まれてきました。この単位の出産に必要なのは、「産婆役《さんばやく》」としての人間と、「産湯《うぶゆ》」としての数でした。

みなさんは、地球の大きさをご存じでしょうか。

北極と南極を通る大きな円（子午線）の半径は、約六三五七キロメートルです。

これは一見すると中途半端な値ですが、円周はそうではありません。

円周の長さは直径の約三・一四倍ですから、地球の円周は、

「6357×2×3・14≒3万9921・96（キロメートル）」となります。

ほぼ四万キロメートル（四〇〇〇万メートル）です。ずいぶんとキリのいい値で

すが、これは偶然なのでしょうか。

じつは「メートル」には隠されたひみつがあります。

## フランスが地球を測り始めた!

時代は十八世紀、フランス。

人々は、ばらばらの長さのあらわし方、すなわち単位に困っていました。

一七八九年にフランス革命が始まると、新政府の政治家タレーラン（一七五四〜一八三八）は、それまで世界中でばらばらだった長さの単位を、世界中で使える一つの単位に決めようと呼びかけます。

フランスの科学者たちは、長さの単位を決める科学的方法について、ひたすらに議論をしました。そして、一七九一年、パリを通過する「赤道から北極までの長さ」の「一〇〇〇万分の一」を長さの基準にしようと決めたのです。

つまり、「子午線（南極と北極を通る大円）全周の四〇〇〇万分の一を一メートル」と決めるということだったのです。

これが先ほどの計算結果が、キリのいい値になった理由だったのです。

フランスは一七九二年から地球を測ることを始めました。

そして、一七九八年にフランスの都市ダンケルクとスペインの都市バルセロナの間の約一〇〇〇キロメートルを測ることに成功したのです。

フランス革命の真っ只中、六年がかりの三角測量は、国境を越える命がけの作業でしたが、一七九八年、この測量から子午線全周の長さが計算され、ようやく「メートル」が誕生しました。

この新しい単位はなかなか普及しませんでしたが、フランス政府は世界中に普及活動を続け、ついにはその努力が認められます。一八七五年五月二十日、パリで一七カ国が署名して「メートル条約」が成立することになりました。

フランスが「メートル」という単位を定めてから、八十年近くの月日を要したことになります。

日本は一八八五年に「メートル条約」に加入しましたが、「メートル」が本格的に使用されるようになったのは、それまでの単位であった「尺・貫」を基本とした度量衡法《どりょうこう》の廃止を経て、「計量法」が普及した一九六六年になってからのこと。

やはり、八十年の月日を要しています。

現在、メートル条約の加盟国は六三カ国（二〇二一年一月現在）となり、フランス革命の時代に「世界中で使える一つの単位」を決めようとした人々の願いは、確実に実現していきました。

## 「一キログラム」誕生物語

地球の円周の長さをもとに決められた「一メートル」。

一辺がその一〇分の一である一〇センチメートルの立方体の体積は、「10㎝×10㎝×10㎝＝１０００㎤（立方センチメートル）」です。

この体積が「一リットル」であり、「一リットル」の水の重さ（質量）が「一キログラム」と定められました。

しかし、一リットルの水の体積は温度によって変化します。そこで、一七九〇年に、一キログラムは「最大密度温度（摂氏四度）における蒸留水一リットルの質量」と定義されました。

こうして重さ（質量）の基本単位は「一キログラム」となったのです。

その後、不安定な水に代わって、「一キログラム」の定義は国際キログラム原器

◆「国際キログラム原器」

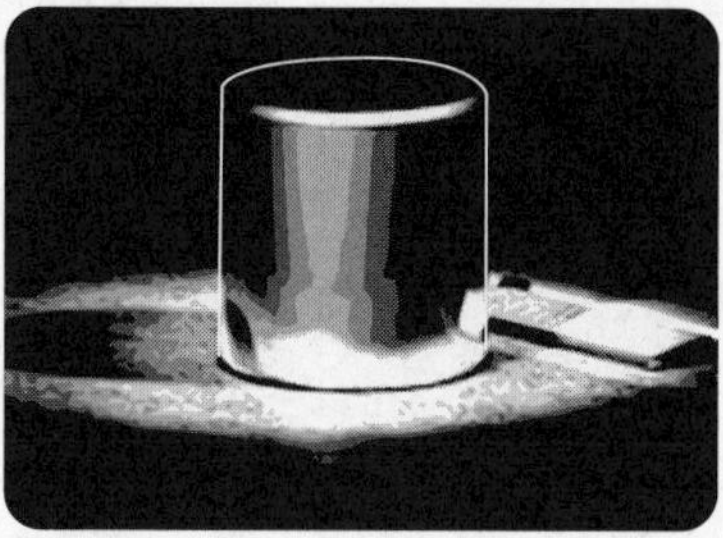

白金90%、イリジウム10%からなる合金製の金属塊。直径・高さとも約39ミリメートルの円柱体。

パリの
国際度量衡局
に保管されて
いるんだよ

の質量になりました。そして、二〇一九年に新しいキログラムの定義が誕生（発効）しました。

キログラムはプランク定数の値を正確に $6.62607015 \times 10^{-34}$ ジュール・秒と定めることによって設定されます。

この新定義により、約百三十年にわたり使われてきた国際キログラム原器が廃止されました。

こうして、地球の円周から長さの単位「メートル」が生まれ、その「メートル」から体積の「リットル」が決まり、その水から重さの単位「キログラム」が生まれたことになります。

ですから重さの単位は「キログラム」で

あり、けっして「グラム」ではないのです。「一グラム」は「一キログラムの一〇〇〇分の一」と決められたにすぎません。

## 大きな数値の読み方

さて、地球の重さは、約「5972190000000000000000キログラム」です。ここで、大きな数値の読み方を紹介しようと思います。

それは、何千、何百、何十、何の繰り返しです。つまり、四桁ごとに万、億、兆といった単位がつきます。

単位の下の数は「0」の個数です。例えば「123億」ならば、「123」の後に「0」を「8個」つけて、「123、0000、0000」となりますよね。

「億」は「オクターブのオク」と覚えておきましょう。一オクターブとは「ド、レ、ミ、ファ、ソ、ラ、シ、ド」の「8つ」の音のことです。

「億」と見聞きしたらオクターブを連想して、「8音だから、0が8つ」と思い出せばいいのです。

さて、四桁ごとに単位は変わりますから、「兆」は「億の8つ」の次で、「+4」

◆4桁ごとに単位はあがる！

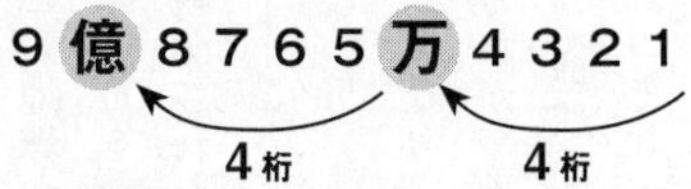


◆0の数はこのようになる

| 万 | 億 | 兆 | 京《けい》 | 垓《がい》 | 秭《じょ》 | 穣《じょう》 | 溝《こう》 | 澗《かん》 | 正《せい》 | 載《さい》 |
|---|---|---|---|---|---|---|---|---|---|---|
| 4 | 8 | 12 | 16 | 20 | 24 | 28 | 32 | 36 | 40 | 44 |

| 極《ごく》 | 恒河沙《ごうがしゃ》 | 阿僧祇《あそうぎ》 | 那由他《なゆた》 | 不可思議《ふかしぎ》 | 無量大数《むりょうたいすう》 |
|---|---|---|---|---|---|
| 48 | 52 | 56 | 60 | 64 | 68 |

となり「0が12個」。「京《けい》」はさらに「＋4」となり、「0が16個」。このように「億」を基準に思い出すことができます。

こうすると、地球の重さは「約5秭《じょ》9721垓《がい》9000京0000兆0000億0000万0000キログラム」となり、つまり、「約5秭9721垓9000京キログラム」と読めるのです。

## 「一秒」は地球と太陽の運行から

時間の単位である「秒」も、元々は地球の運行から決められました。

六十秒は一分、六十分は一時間、さらに二十四時間は一日となります。つまり、一日は60×60×24＝8万6400（秒）です。

この「一日の秒数」がポイントになります。

地球は南極と北極を軸に回転しています。いわゆる地球の自転ですが、地球から太陽を眺めると、太陽が地球の周りを回転しているように見えます。

この地球から見える太陽の動きを、人類は数千年も前から観測してきました。太陽の運行を精密に観測することで「一日の長さ（自転周期）」がわかります。

観測された「一日の長さ（自転周期）の8万6400分の1」を「一秒」と定める――こうして、地球の自転から「秒」は決められました。

しかし、一定だと考えられていた地球の自転の速さも、変化することが次第に明らかになり、もっと安定した運行をもとに「秒」を考える必要が生じました。

それが、地球の公転です。太陽の周りを地球が一周する時間（公転周期）は「一年」。地球が太陽の周りを回転する運行は、非常に安定していることがわかりました。つまり、今度は「秒」は「一日」からではなく「一年」から求められることになるわけです。

さて、「一年」は何秒でしょうか？

計算してみましょう。「一日」が「8万6400秒」で、「一年」は「365日」

ですから、8万6400×365＝3153万6000（秒）です。

実際には公転周期は「365日」よりも少しだけ長く、「3155万6925・9747秒」です。

こうして、一九六〇年頃に「一秒は一年の3155万6925・9747分の1とする」と国際的に定められました。

## アインシュタインと単位

このように長さ、重さ、時間の単位は元々地球を基準に定められましたが、時が経つにしたがってさらなる精度を求められるようになっています。

「一メートル」は、地球の円周から「メートル原器」へ、さらには「原子の世界」という究極の精度が実現するミクロの世界へと舞台は移っていきます。それは「光」です。

一九六〇年に「一メートル」は、「クリプトン86の光の波長の165万0763・73倍」と定義され、一九八三年に「一メートルは、真空中で光が2億9979万2458分の1秒に進む距離」と定義されるに至ったのです。

しかし、なぜ「光」なのでしょうか。

それを教えてくれたのは、アルベルト・アインシュタイン（一八七九～一九五五）です。彼の「特殊相対性理論」では、光の速度は光源の運動によらず一定であることを原理として理論が組み立てられています。

さて、このメートルの定義に、「秒」が含まれていたことにお気づきでしょうか。つまり、「秒あってのメートル」という関係になっているのです。

その「一秒」の定義は「メートル」同様に変わっていきました。地球の自転から公転へ、そして現在では原子時計によって正確な「一秒」が定義されています。原子時計は、原子が持っている特定の周波数の電磁波を吸収したり放射する性質を応用しています。

誤差はわずか「一億年に一秒」という「セシウム原子」によって「一秒」が定義されたのが一九六七年で、「秒は、セシウム133の原子の基底状態の二つの超微細準位の間の遷移《せんい》に対応する放射の周期の91億9263万1770倍の継続時間である」とされました。

その後も「原子時計」の精度の追求は続けられ、数百億年に一秒しかずれない

「超高精度の原子時計」の開発が進められています。

## 原子の世界を舞台に探求は続く

当初「メートル」と「秒」はそれぞれ地球の円周、地球の自転周期という別々のところで定義されましたが、現在は「秒」が基本となり、そこから「メートル」が定義されるようになりました。それは物理学の発展によるものだったのです。

単位の発展の歴史は、まずは地球という母なる大地を出発点として、太陽にまで拡がり、今度は一転して「光と原子」という物理学の世界へと、その舞台は移っていきました。

そしてようやく「キログラム」も原子をもとに定義されるようになりました。国際キログラム原器の質量は、表面吸着の影響があり、ごくわずかですが質量に変動がありました。「キログラム」も「メートル」と「秒」と同様に、人工物ではない普遍的な「光」の物理量によって単位を定義する努力が続けられてきました。それが一八三頁で紹介した新しい定義です。光（光子）のエネルギーをもとに重さ（質量）を考えるというアイデアです。そこでアインシュタインの登場となります。

◆アインシュタインのエネルギーと質量の関係式

$$E = mc^2$$

光速 $c = 299792458$ m/s

この式と、

波長λ(m)の光子のエネルギーE(J)の関係式

$$E = ch/\lambda$$

プランク定数 $h = 6.62607015 \times 10^{-34}$ Js

を組み合わせる。

「アインシュタインのエネルギーと質量の関係式」に「波長λ《ラムダ》（m）の光子のエネルギーE（J）の関係式」を組み合わせると、「一キログラムはある波長λ（m）の光子のエネルギーと等しい静止エネルギーを持った物体の質量」と定義することができます。

話はどんどん物理学へと変貌してしまい、物理学を知らない人にとっては理解することが難しいように思えます。

しかし、「メートル」が誕生した物語を振り返ってみると、じつは何も変わっていないことに気づくのではないでしょうか。

当時の科学の最先端の議論を通して「メ

◆幾何学は地球を測る術

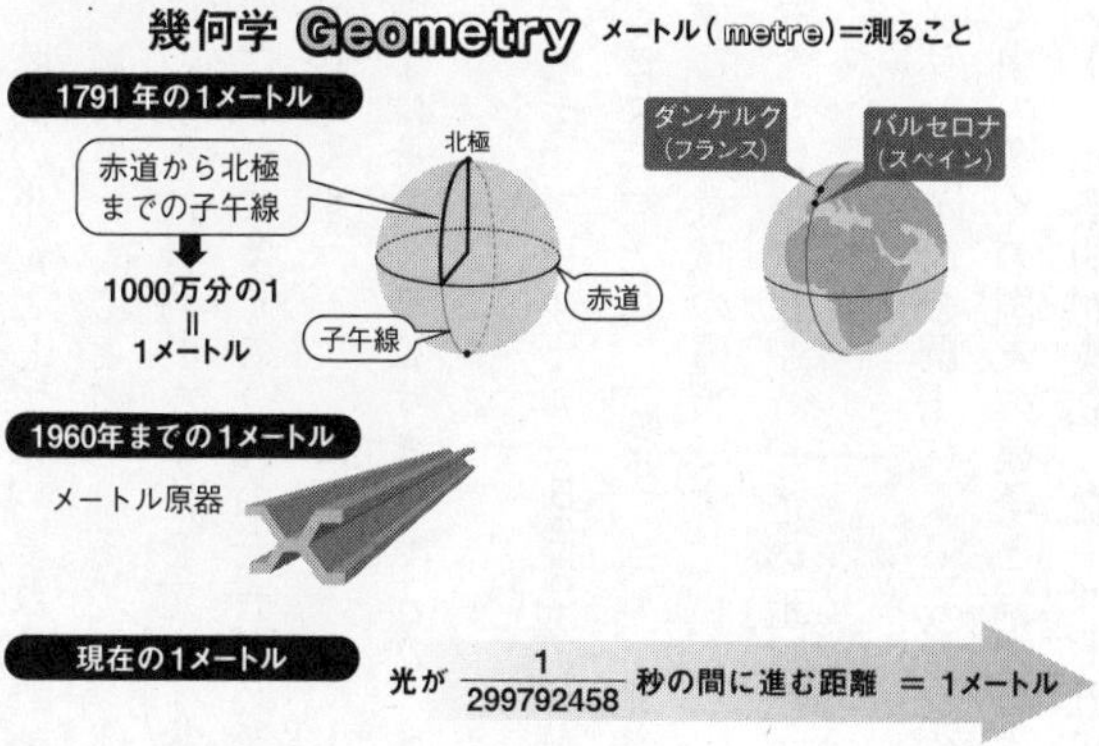


ートル」が定義された時、その舞台は私たち人間が住む「地球」という大地でした。

そして、現在。

「単位」をめぐる最先端の議論がなされている舞台は、私たちが新たに見出した「時空」、さらには「宇宙」という数学と科学の大地です。

一周が約四〇〇〇万メートル、重さが約六秭《じょ》キログラム、自転周期八万六四〇〇秒の地球に、私たちは生きています。

私たちの大地が、地球から時空、宇宙へと変わったことで精度が飛躍的に向上しました。単位の定義がいかに複雑になろうとも、私たちはこれからも長さ、重さ、時間の単位としては、それぞれ「メートル」「キログラム」「秒」を変わりなく使い続けていくことでしょう。

このように普遍的な単位を定義するためには、天文学、物理学、化学、工学…といったじつに多くの分野の発展が必要です。人類の知恵を総動員してようやく単位は成立します。

数学はその一つにすぎませんが、すべての分野の根底にある言葉が数だといえます。

そして、「メートル（metre）」には「測る」という意味があります。「幾何学（geometry）」とは、「geo（大地、地球）」を「metry（測る）」、つまり「地球を測る」という意味の言葉です。

私たちは地球を測り、この地球に生きてきました。「測る」ところに「数」が必要だったのです。

フランス革命の闘士による「単位の世界統一」の夢は叶いつつあります。現在、世界中の多くの国々の競争と協力によって普遍的な単位は支えられています。

メートル条約が成立した一八七五年五月二十日にちなんで、五月二十日は「世界計量記念日」となっています。

みなさんもこの日は、「メートル」「キログラム」「秒」にこめられた先人の願いと努力に思いを馳せてみてはいかがでしょうか。

# 赤い糸で結ばれた数たち

## たった51個しか見つかっていない完全数

「6」「28」「496」のように、自分自身を除いた約数すべての和が自分と等しい数を「完全数」といいます。無限にある自然数の中に「完全数」はまだ51個（二〇二一年六月現在）しか発見されていません。

「完全数」を探索する困難さは、素数探査の困難さに関係しています。

▼完全数

6＝1＋2＋3＋6

28＝1＋2＋4＋7＋14＋28

496＝1＋2＋4＋8＋16＋31＋62＋124＋248＋496

## ペアになる友愛数

「完全数」に対して「友愛数」とは、「自分自身を除く約数すべて」がお互いを構成する数のペアのことです。

▼友愛数

220の約数の和＝1＋2＋4＋5＋10＋11＋20＋22＋44＋55＋110
＋220＝284

284の約数の和＝1＋2＋4＋71＋142＋284＝220

1184の約数の和＝1＋2＋4＋8＋16＋32＋37＋74＋148＋296
＋592＋1184＝1210

1210の約数の和＝1＋2＋5＋10＋11＋22＋55＋110＋121＋242
＋605＋1210＝1184

## 数は踊る？　社交数

さらに、次のような「社交数」（12496、14288、15472、14536、

14264）という数もあります。最初の「12496」の約数の和が「14288」となり、その「14288」の約数の和が「15472」となり、最後は「14264」の約数の和が最初の「12496」になります。つまり「社交数」は、ぐるっと一回りする関係です。

▼社交数

12496の約数の和＝1＋2＋4＋8＋11＋16＋22＋44＋71＋88＋142＋176＋284＋568＋781＋1136＋1562＋3124＋6248＋~~12496~~＝14288

14288の約数の和＝1＋2＋4＋8＋16＋19＋38＋47＋76＋94＋152＋188＋304＋376＋752＋893＋1786＋3572＋7144＋~~14288~~＝15472

15472の約数の和＝1＋2＋4＋8＋16＋967＋1934＋3868＋7736＋~~15472~~＝14536

14536の約数の和＝1＋2＋4＋8＋23＋46＋79＋92＋158＋184＋316＋632＋1817＋3634＋7268＋~~14534~~＝14264

14264の約数の和＝1＋2＋4＋8＋1783＋3566＋7132＋~~14264~~＝12496

## 数同士の関係を見つける

これらは、「完全数」は「一つ」の数、「友愛数」は「ペア」、それ以上の組が「社交数」というように、約数の和を考えて数同士の関係を見つけようとする考え方です。

「完全数」の名付け親は、古代ギリシアのユークリッド（B.C.三三〇頃〜B.C.二六〇頃）でした。幾何学の父とも呼ばれるユークリッドは「$2^{n-1}(2^n-1)$」が完全数であるための必要十分条件は「$2^n-1$」が素数であることを示しています。

「完全数」「友愛数」は、ピタゴラス学派（古代ギリシア哲学の一派）には知られており、完全数の「6」は「結婚を意味する数」と考えられていました。ピタゴラス

◆古代ギリシアの数学者

「アテネの学堂」のピタゴラス
（B.C.570頃～B.C.496頃、左下から２番目の人物）

「アテネの学堂」のユークリッド
（B.C.330頃～B.C.260頃、右下の人物）

女（２）×男（３）＝結婚（６）

学派では、最初の偶数「２」は女性、次の奇数「３」は男性とされており、「６」はこの二つの数の積であらわされるからです。

## 婚約数

「完全数」「友愛数」「社交数」には共通の特徴があります。それは、約数の中から自分自身を除いて考えるという点です。自分自身を約数に含めてしまうと、自分自身の大きさを超えてしまって、自分自身が約数の和に等しいという関係が成り立たなくなるからです。

　さて、ここで考えをもう一歩進めてみましょう。すべての自然数の約数は、「１」と「自分自身」を含んでいます。

「完全数」「友愛数」「社交数」が約数から自分自身を除くのであれば、一緒に「1」も除いてみよう――このような考え方を適用したのが「婚約数」です。

▼婚約数

48の約数の和＝~~1~~＋2＋3＋4＋6＋8＋12＋16＋24＋~~48~~＝75
75の約数の和＝~~1~~＋3＋5＋15＋25＋~~75~~＝48

140の約数の和＝~~1~~＋2＋4＋5＋7＋10＋14＋20＋28＋35＋70＋~~140~~＝195
195の約数の和＝~~1~~＋3＋5＋13＋15＋39＋65＋~~195~~＝140

1050の約数の和＝~~1~~＋2＋3＋5＋6＋7＋10＋14＋15＋21＋25＋30＋35＋42＋50＋70＋75＋105＋150＋175＋210＋350＋525＋~~1050~~＝1925
1925の約数の和＝~~1~~＋5＋7＋11＋25＋35＋55＋77＋175＋275＋385＋~~1925~~＝1050

このように、(48、75)を最小の「婚約数」の組として、次に(140、195)、(1050、1925)と続いていきます。

## 人間は数の仲人

仲人は見知らぬ二人を引き合わせます。出会った二人はお互いを知り、ほどなく結婚に至り、めでたしめでたし、と仲人《なこうど》の仕事は終わります。結ばれた二人は幸せであればあるほど、ずっと前から赤い糸で結ばれていたと確信します。

しかし、いくら赤い糸で結ばれている二人でも、自力でこの世で出会うことは簡単ではありません。それどころか、自分たちでその赤い糸をたぐり寄せる力はないのかもしれません。赤い糸が見えるという特殊な能力を持った仲人だけが確実に二人を引き合わせることができるのです。

(220、284)のような「友愛数」の組は、お互いに赤い糸で結ばれていることを知りませんでした。そこには、仲人となる人間が必要だったのです。

計算という特殊な能力を持った人間、それも高度な計算能力を持った数学者にその栄えある任が与えられました。スイスのレオンハルト・オイラーは、数たちにと

**レオンハルト・オイラー**
(1707～1783)

っては最高の仲人です。オイラー以前、「友愛数」はわずか三組しか発見されていませんでした。しかし、オイラーはたった一人で五九組もの縁談を成功させたのですから。

## オイラーも悩んだ難問

ちなみに、「友愛数」の組は（220、284）、（1184、1210）のように偶数同士です。偶数と奇数の「友愛数」の組は発見されていません。これまでに発見された「完全数」は、すべてが偶数です。奇数の「完全数」があるのかないのか、それは未だに決着がついていない難問なのです。

解析学で絶大な貢献を果たした天才数学者オイラーでさえも、一七四七年の論文で、この問題の解決の困難さを指摘しているほどです。

## 男女の数が出会う時

ピタゴラス学派の数の考え方を思い出してください。

偶数の「2」は、女性。

奇数の「3」は、男性でした。

偶数同士の組み合わせによる友愛数は、つまり女性同士。ですから、結婚ではなく友愛がふさわしいネーミングといえるでしょう。

また、「完全数」が、ことごとく偶数、つまり女性であることは、文句なくうなずける気がしませんか。生物の原型である女性は「完全」な存在として生まれてくるのですから。

そして「婚約数」の組は、(48、75)(140、195)(1050、1925)のように、偶数と奇数、つまり女性と男性のペアでした。

数はじっと待ち続けています。人間という仲人に見つけられる日を、ただ静かに。

Part Ⅳ

# 面白くて眠れなくなる“人と数学”

# 寿命と数学—人生の折り返しは何歳？

私たち人間の寿命は百年足らず。ＷＨＯ（世界保健機関）が発表した二〇二一年版の世界保健統計によれば、平均寿命が最も長い国は日本で八四・三歳、二位はスイスで八三・四歳です。

そこで問題です。人生百年だとして、折り返しは何歳でしょうか。

私たちは小学生の時より大人になってからの方が、一年を短く感じます。小学生の時の一年間は今よりも長かったと思い出すことができます。小学校の一年生から四年生までの四年間と、十九歳から二十三歳までの四年間は同じ長さに感じません。青年期の四年間はあっという間です。まさに「光陰矢のごとし」の意味を、私たちは年を経るごとに実感していきます。

フランスの哲学者ポール・アレクサンドル・ルネ・ジャネ（一八二三〜一八九九）は、この人間の時間の感じ方を考察しました。そして、次のように結論づけました。

**◆ジャネの法則**

人間にとって現在という時間の感じ方
これまで生きてきた時間との比を感じる

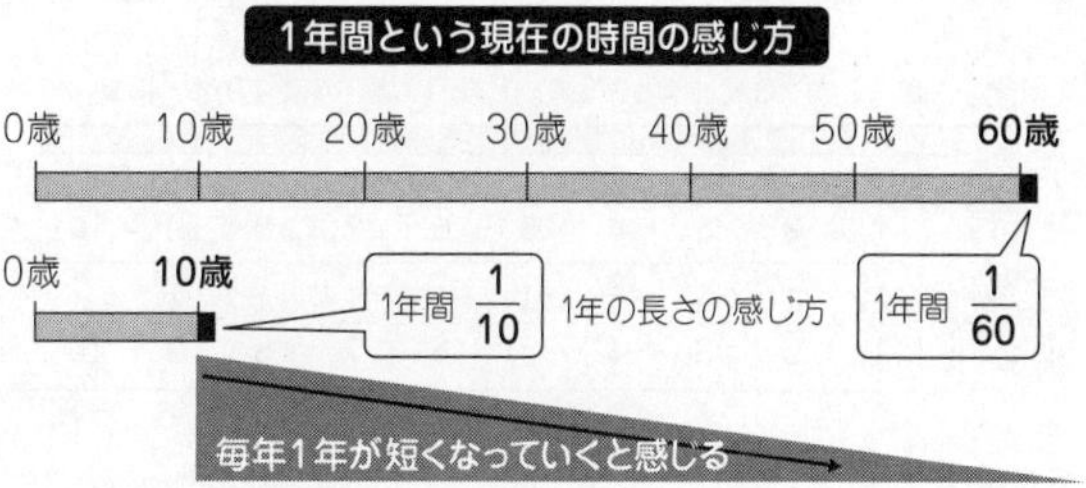


「人間にとって現在という時間の感じ方は、これまで生きてきた時間との比として感じている」

例えば、十歳の少年の一年間は、それまで生きてきた十年に対しての一年、つまり一〇分の一と感じているということで、六十歳の大人の一年間は、それまで生きてきた六十年に対しての一年、つまり六〇分の一と感じているということです。六十歳の大人の一年は十歳の時の一年の六分の一ほどになったと感じているということです。

このように、時計が刻む時間に対して、人間が感じる時間を〝感覚時間〟と呼ぶことにしましょう。十歳の人間にとって、それまで生きてきた時計の合計は、「１年＋

◆1歳から10歳までの“感覚時間”の合計は？

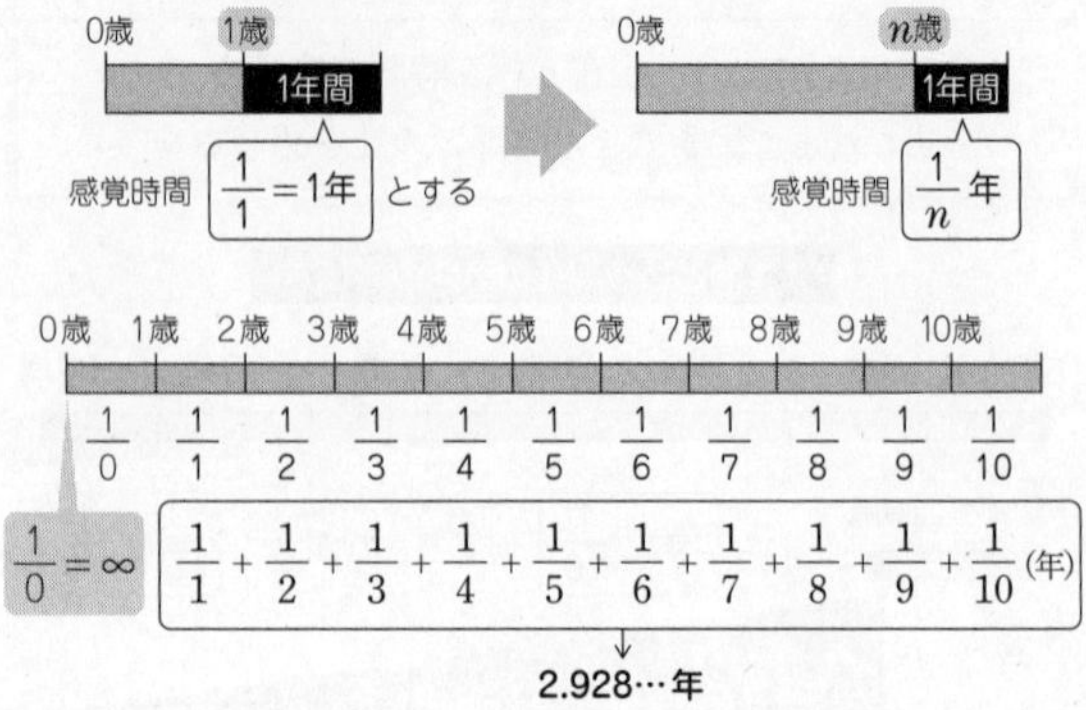


1年＋1年＋1年＋1年＋1年＋1年＋1年＋1年＋1年＋1年＝10年」であるのに対して、〝感覚時間〟の合計は、「$\frac{1}{1}$年＋$\frac{1}{2}$年＋$\frac{1}{3}$年＋$\frac{1}{4}$年＋$\frac{1}{5}$年＋$\frac{1}{6}$年＋$\frac{1}{7}$年＋$\frac{1}{8}$年＋$\frac{1}{9}$年＋$\frac{1}{10}$年＝2・928…」年となります。ただし、ここではわかりやすくするために、一歳の時の一年間の〝感覚時間〟を一年としました。

## 人生を積分する

このモデル（仮説）のもとで、ある年齢までの〝感覚時間〟の合計を計算することができます。上図では〝感覚時間〟を一年間隔で考えてみましたが、間隔を一カ月、一日、一時間、一秒とどんどん小さくすることで、

〝感覚時間〟の合計はより正確に求められます。

ａ歳からｂ歳までの人生について〝感覚時間〟の合計Ｓは積分法により計算されます。まさに人生を積分する計算です。

はたして、ａ歳からｂ歳の人生の半分を迎えるのは$\sqrt{(a\times b)}$歳と算出されます。零歳から百歳までの時計の時間の半分を迎えるのは、（０＋１００）×$\frac{1}{2}$＝50歳です。これを「相加平均」と呼びます。いわゆる普通に一番使われる平均のことです。それに対して、二つの数の積を$\frac{1}{2}$乗した$\sqrt{(a\times b)}$は「相乗平均」と呼ばれます。人生を積分して得られた〝感覚時間〟の合計を元に計算された人生の半分を迎える年齢は「相乗平均」だということです。

出来上がった公式のａとｂに様々な年齢を代入して、人生の半分を迎える年齢を算出してみましょう。最初のａ（歳）には０を代入することはできません。一歳から百歳までの場合、人生の半分を迎える年齢は「$\sqrt{(1\times 100)}$＝10歳」となります。この結果はあまりにも信じられないものです。そこで、始まりの年齢を物心つく年齢として四歳で計算してみます。四歳から百歳までの場合は、「$\sqrt{(4\times 100)}$＝20

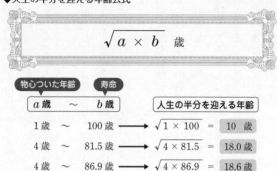

### ◆人生の半分を迎える年齢公式

$$\sqrt{a \times b}\ \text{歳}$$

| 物心ついた年齢 ～ 寿命 | | 人生の半分を迎える年齢 |
|---|---|---|
| $a$歳 ～ $b$歳 | | |
| 1歳 ～ 100歳 | → | $\sqrt{1 \times 100}$ = 10 歳 |
| 4歳 ～ 81.5歳 | → | $\sqrt{4 \times 81.5}$ = 18.0歳 |
| 4歳 ～ 86.9歳 | → | $\sqrt{4 \times 86.9}$ = 18.6歳 |
| 4歳 ～ 100歳 | → | $\sqrt{4 \times 100}$ = 20 歳 |

歳」となります。bに日本人の平均寿命を代入してみると、約十八歳！

みなさんは物心ついたのは何歳でしたか、そして何歳まで生きたいと思っていますか。それがaとbです。この公式に代入して、人生の折り返しの年齢を計算してみましょう。

## 元服が15歳であることの妥当性

考えてみると、世の中には幼少の頃からプロになるための猛特訓をさせられる職業の人たちがいます。音楽、スポーツ、伝統芸能、棋士などです。この職種の人たちは自分の身内や師から、常人が想像がつかないほどの指導・特訓を受けて、十歳になる頃にはプロまたはプロレベルの実力を身につけます。そして、二十歳を過ぎた頃にはその世界で活躍するプロになっていきます。

さらに、奈良時代以降、日本では男子は十五〜十七歳で元服の儀式を行い、成人として扱われました。これらのことが、人生の半分を迎える年齢が十歳から二十歳であることに合致しているように思えてならないのです。

これらを勘案すると、二十歳の成人式とは、人生の折り返し地点であることを確認するセレモニーといえそうです。

## 瞬間を生きることの意味

これから新しい人生が始まると思っている大学生は、実はちょうど人生の折り返し地点をすぎてしまっているということです。大学卒業後に「自分探しの旅」などしている場合ではありません。二十歳までぼうっと過ごしてきたとするならば、取り返しのつかない貴重な時間を失ってしまったということです。

ジャネの法則とは、常に過去の生きてきた時間と比較する、つまり自分の過去を意識することが前提です。すると衝撃的な結果がはじき出されるのです。自分の過去を意識しなければ前提が崩れ、その間は感覚年齢は加算されない、すなわち歳を取らないということです。過去を後悔し未来を憂《うれ》えるのではなく瞬間を生きることがジャネの法則から逃れる生き方といえます。

# 戦争と数学 ―ナポレオンの法則

## 一八〇五年のトラファルガー海戦

一八〇五年、提督ネルソン率いるイギリス海軍はナポレオン率いるフランス・スペイン連合艦隊に大勝利を収めました。スペインのトラファルガー岬の沖で行われたトラファルガー海戦です。ナポレオン戦争における最大の海戦で、イギリスはこの海戦の勝利により、ナポレオンのイギリス本土上陸の野望を粉砕しました。

トラファルガー海戦が注目されるのは、イギリス三三隻対連合艦隊四一隻というイギリス不利の中でイギリスが勝利した点にあります。

この勝因を分析する時に数学の出番となります。最大のポイントは、敵艦隊を分断するネルソンの戦術です。三三隻のイギリス艦隊が、分断した連合艦隊をそれぞれ叩いていくことで勝利に導きました。

いま、四一隻の連合艦隊側を二〇隻と二一隻に分断したとしましょう。すると、イギリスと連合艦隊の艦船の数は、最初の戦闘で33：20、次に33：21となります。これならば形勢が逆転します。

そもそも開戦当初の戦力のままでもなんとか戦えるのではないかとも思われます。33：41はイギリスの圧倒的不利ではなさそうです。しかし、実はこれがそうでもないのです。三三隻のイギリスが四一隻の連合艦隊に立ち向かっていく場合、イギリスは圧倒的不利、勝ち目はなかったのです。

## ナポレオンの法則（兵力2乗の法則）

戦力比は隻数の比33：41＝1：1.24（約1.2倍）ではありません。結論を言えば、33の2乗：41の2乗、となります。したがって、1089：1681＝1：1.54（約1.5倍）となり1：1.24よりも差がひらいていることがわかります。

なぜこうなるのかを説明するのが微分方程式ですが、それは後回しにして、このナポレオンの法則をもう少しだけくわしく見ていきましょう。

ナポレオンの法則とは、簡単にいえば「戦力は、数（戦闘員、隻数）の2乗に比例する」というものです。

トラファルガー海戦では、戦闘員の代わりに隻数（イギリス三三隻、連合艦隊四一隻）を考えます。もし、隻数が少ないイギリスが連合艦隊によって全滅させられた場合、連合艦隊は何隻残るでしょうか。ナポレオンの法則によって次のように計算できます。

$\sqrt{(41^2-33^2)}=24.3310\cdots\cdots$

連合艦隊は当初の半分以上の二四隻が残るという計算です。

ネルソンがとった戦略は連合艦隊四一隻に体当たりしては勝ち目がないので、半分ずつを順に叩いていこうというものでした。先にも述べたように、最初33：20、次に33：21のように分けて戦ったとすると、ナポレオンの法則によって戦力は次のように計算されます。

英：仏＝33：20 ↓ 33の2乗：20の2乗

＝1089：400＝2・72（約2・7倍）：1

英：仏＝33：21 ↓ 33の2乗：21の2乗

＝1089：441＝2・47（約2・5倍）：1

どちらも形勢逆転となります。

## ナポレオンの法則の意味すること

わかりやすいように、小さい数で説明してみましょう。イギリスが三隻、連合艦隊が四隻だとした場合、その差は一隻だけなので大差ないように思われますが、ナポレオンの法則は、

英：仏＝3：4（約1・3倍）→3の2乗：4の2乗＝9：16（約1・8倍）

になるということです。

これは、たとえ最初の隻数の差がわずかであっても、時間が経つにつれて差が大きくなっていき、最後には大差がつくことを表しています。逆にいえば、人数（隻数）が多ければ多いほど有利な戦いになるということです。

## ナポレオンの法則の別名、集中効果の法則

ナポレオンの法則はその特徴から様々な呼び方がされます。「集中効果の法則」もその一つです。トラファルガー海戦からわかるように、軍隊はできるだけ一丸と

なり、一カ所を集中して攻めた方が敵をやっつけるのには効果的だということです。逆にいえば、戦力を二分割、三分割しては弱くなるだけなので、やってはいけない戦術だということです。

## ナポレオンの法則の応用

ナポレオンの法則は私たちに「戦力を集中せよ」と教えてくれます。例えば、宿題がたくさんある場合、すべてを一気に終わらせようとするとやる気がそがれてしまい、手がつけられなくなります。

そんな時こそナポレオンの法則（集中効果の法則）を思いだしましょう。国語、数学、英語の宿題がある時、まずは国語（という敵）だけに集中して戦います。国語を制したならば、次に数学、数学を制したら最後に英語というように一つずつ片付けていく戦術が効果的だということです。

ドイツのフォルクスワーゲン社は他社と競争販売を行う場合に、まず自社独占率が四〇％を超える地域を一つ作ることを最初の目標にする販売戦略を実施しました。エリア全域を一気に相手にするのではなく「戦力を集中せよ」の原則です。

## フレデリック・ウィリアム・ランチェスター

これまで説明したナポレオンの法則を研究したのがフレデリック・ウィリアム・ランチェスター（一八六八〜一九四六）です。イギリスの自動車工学・航空工学のエンジニアです。一九一六年に「戦争における飛行機―第四の武器のあけぼの」を発表。このレポートの中でネルソンやナポレオンの戦法について数学的に分析を行い、ナポレオンの法則を導きました。

最後にその数学を紹介してみましょう。

時刻tにおけるイギリス軍と連合国軍の人数（隻数）をそれぞれE、Fとします。ここでは両軍の一人（一隻）同士の強さは同じとします。

すると、戦闘によるイギリス軍の人数（隻数）の減少速度（勢い）は敵連合国軍の人数（隻数）に比例し、同様に連合国軍の人数（隻数）の減少速度（勢い）も敵イギリス軍の人数（隻数）に比例すると考えられます。

これを表したのが次頁の微分方程式です。右辺にマイナスがついているのは減少を表しています。

$$\begin{cases} \dfrac{dE}{dt} = -F \\ \dfrac{dF}{dt} = -E \end{cases}$$

この連立微分方程式を解くと、

$E^2-F^2=t$によらず一定

という結論が得られます。「戦力の差が人数（隻数）の2乗の差」だということです。

子どもは学校の宿題、大人は会社の仕事――私たちは常に片付けなければならないことに囲まれています。それらは敵ではありませんが、宿題や仕事を片付けられない時には敗北感を味わいます。そんな時は、ナポレオンの法則を思いだして立ち向かってみましょう。そして片付け終わった時に「兵力2乗の法則」であることを考えてみてください。

# 恋愛と数学 ―恋愛の方程式を解けば恋の結末もわかる!?

## 一九八八年の論文「恋愛と微分方程式」

恋愛と数学と聞いて、その関係を想像できる人は多くないでしょう。恋愛と文学、恋愛と映画、恋愛と音楽、恋愛と旅行、どれもすぐに関係がわかります。恋愛をすることこそ人間の特権です。当然、数学が恋愛と無関係のはずがありません。

一九八八年、アメリカの数学者ストロガッツは論文「恋愛と微分方程式(Love Affairs and Differential Equations)」を発表しました。その内容を紹介しましょう。

## 恋愛の勢いをモデリング 恋レベルRとJ

人を好きになる時、その好き具合を私たちは感じることができます。どれくらい相手のことが好きなのか、どれほど自分は相手に好かれているか。量を測定することはできませんが、私たちの感覚は確かに量をとらえています。

一目惚《ひとめぼ》れして相手に自分の気持ちを告白するまでは、日々、好き具合のレベルは増加していきます。逆に、相手の何気ない一言で百年の恋も一瞬で冷めてしまうことがあります。この時、好き具合は急激に小さくなるといえます。

このように好き具合は刻々と変化する量だと考えることができます。刻々変化する量の変化の勢いを数学では微分といいます。「寿命と数学」に登場した、時の流れを感じること――感覚年齢も刻々と変化する量です。

物理学は測ることができる量――長さ、重さ、時間――を扱い、それらをx、y、z、tという変数で表すことで数学の出番となります。時間とともに変化する長さや重さについて微分積分することで現象の仕組みを探り出すことができ、さらに未来を予測することさえ可能になります。これを「モデリング」といいます。

感覚年齢、好き具合のレベルといった測定できない量でも、いったんx、y、zとおいたならば数学の出番となる点は物理学と同じなのです。経済学もモデリングにより成り立っています。商品を買おうとする時に、買いたい気持ちのレベルがあることは明らかです。さらにお金を払って商品を手にした時の気持ちにもレベルがあります。経済学では、このような人の気持ちのレベルを「効用」といいます。効用をxで表すことで数学の出番となり、微分積分ができるようになります。経済学も物理学と同じようにモデリングにより成立する科学です。

それでは、男女二人の恋愛のモデリングを考えてみましょう。刻々と変化する「好き具合のレベル」は何によって決まるでしょうか。

ここでは「好き具合のレベル」を簡単に「恋のレベル」「恋レベル」とします。ストロガッツの論文では恋レベルがR、Jと名付けられています。それぞれロミオ(Romeo)とジュリエット(Juliet)の頭文字です。

次がストロガッツが考えた恋愛のモデル、恋の連立微分方程式です。この方程式を解くことで、恋の成り行きがわかるというのです。

恋レベルであるRとJは時刻tで決まる量です。それがR(t)、J(t)です。R(t)は時刻tにおけるロミオのジュリエットに対する恋のレベルです。J(t)は時刻tにおけるジュリエットのロミオに対する恋のレベルです。

恋レベルR(t)、J(t)は刻々と変化する量なので微分(勢い)を考えることができま

◆恋の連立微分方程式を解け

恋愛と微分方程式
Love Affairs and Differential Equations
Steven Strogatz《ストロガッツ》
（1988年の論文）
Romeo & Juliet

$$\begin{cases} \dfrac{dR(t)}{dt} = aR(t) + bJ(t) \\ \dfrac{dJ(t)}{dt} = cR(t) + dJ(t) \end{cases}$$

す。ロミオがジュリエットのことをどんどん好きになっていく時は恋レベルR(t)の勢い（微分）が正だということです。ジュリエットがロミオのことをどんどん嫌いになっていく時は恋レベルJ(t)の勢い（微分）が負だということです。

## 恋の微分方程式

R(t)、J(t)の微分がそれぞれ$\frac{dR(t)}{dt}$、$\frac{dJ(t)}{dt}$です。この恋レベルの微分（勢い）が何によって決まるのかを考えてみます。本当の恋の方程式は真に難しい問題です。ですからモデルはできるだけシンプルな仕組みを考えます。

恋の炎をたきつけるのは、自分自身の想いと相手からの想いであると考えられます。相

◆恋のレベル

*Romeo* ➡ *Juliet*

**$R(t)$** 時刻 $t$ における Romeo の（Juliet に対する）恋のレベル

$R(t)>0$ Romeo が Juliet を**好き**

$R(t)=0$ Romeo が Juliet には**無関心**

$R(t)<0$ Romeo が Juliet を**嫌い**

*Juliet* ➡ *Romeo*

**$J(t)$** 時刻 $t$ における Juliet の（Romeo に対する）恋のレベル

$J(t)>0$ Juliet が Romeo を**好き**

$J(t)=0$ Juliet が Romeo には**無関心**

$J(t)<0$ Juliet が Romeo を**嫌い**

手に会えない時に、相手のことを想い続けているとどんどん好き（嫌い）になっていくものです。

そして、相手からラブレターやメールでメッセージを受け取ることで、相手をどんどん好き（嫌い）になるでしょう。

したがって、ロミオの恋レベルの微分（勢い）$\frac{dR(t)}{dt}$は、自分ロミオの相手に対する恋レベル$R(t)$と相手の自分に対する恋レベル$J(t)$の和となります。ここで、$\frac{dR(t)}{dt}$への影響の度合いを表す係数を$R(t)$、$J(t)$にかけておきます。同様に、ジュリエットの恋レベルの微分（勢い）$\frac{dJ(t)}{dt}$は、自分ジュリエットの相手に対する恋レベル$J(t)$と相手の自分に対する恋レベル$R(t)$の和となります。こうして、ロミオ、ジュリエットそれぞれの恋の微分方程式を立てることができます。

## 恋の連立微分方程式を解く

微分方程式の右辺（二二一頁参照）に見える係数a、b、c、dが二人の恋愛傾向・特徴を表します。これが決まれば、次に初期値（恋のはじまり）を決めます。ロミオがジュリエットに一目惚れし、ジュリエットはロミオのことが嫌いだったとすると初期値はそれぞれR(0)＝1、J(0)＝−1と表されます。これで微分方程式を解くお膳立てが整いました。

現代はコンピューターでこの連立微分方程式＋初期値の問題を簡単に解くことができます。そして、その結果をグラフにあらわすことで時間とともに二人の恋レベルの変化の推移を知ることができます。

係数a、b、c、dと初期値R(0)、J(0)の与え方で様々な恋愛のシミュレーションが可能なのです。

具体例として「不運なロマンスのモデル」をシミュレーションしてみます。ロミオはジュリエットから好かれるとどんどんジュリエットを好きになり、逆にジュリエットはロミオに好かれるとどんどんロミオを嫌いになるという二人の関係です。

この結論は実に興味深いものとなります。「相思相愛→片想い→大げんか→片想い→相思相愛」のループになります。それも初期値が前の三つの場合（相思相愛、片想い、大げんか）のどれからはじまってもです。

まさに恋の無限ループです。このようなカップルがあなたの周りにもいませんか。けんかをして仲が悪くなったと思うと、いつのまにかラブラブになっている二人です。この二人の恋愛傾向・特徴がこの微分方程式であらわされるということです。

## 数学と恋愛

はじめは想像もつかなかったかもしれません。でも実例のモデルを見ていくと、確かに恋愛にも方程式を考えることができることに気づかされるでしょう。

とはいえ、自然現象と同じように恋愛までも数学で解かれてしまうことに違和感を覚える人もいるでしょう。これはあくまでも恋愛の仕組みを解き明かしたいと考

◆不運なロマンスのモデル

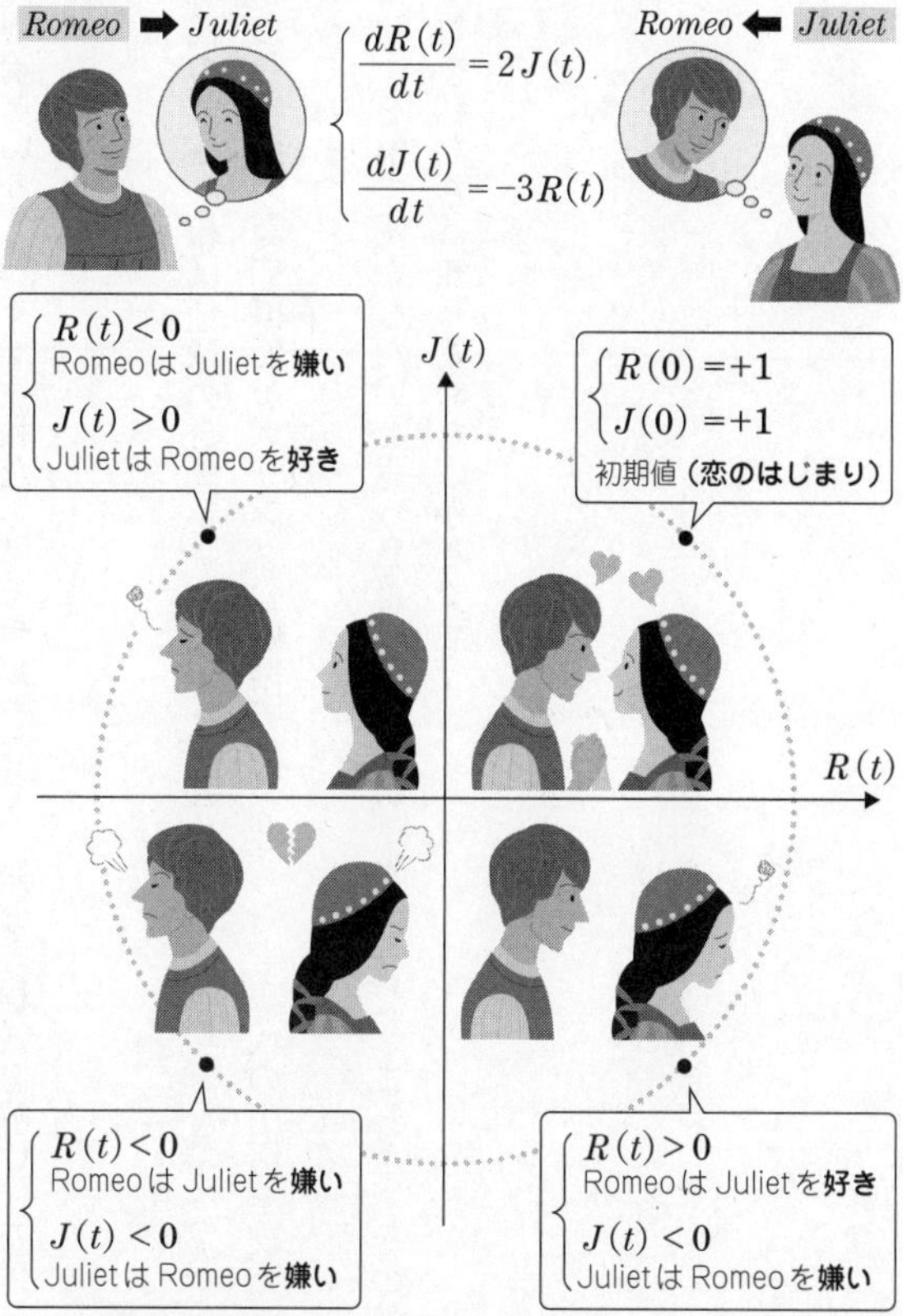


**恋の結末**　恋愛の初期値に関係なく
相思相愛とお互い嫌いになるを繰り返す

えた理論ということです。私たちはモデルを立て、微分方程式を解いて恋に落ちるのではありません。

現代の天気予報は地球の気候モデルの上に成り立っています。ＡＩ（人工知能）は私たち人間の認知機能モデリングの応用です。どちらも現代の生活を支える存在となっています。

「なぜ」を解き明かしたいと思う私たちの心が数学を作りだしました。その数学が持つ力を私たちは知り始めたばかりです。

# おわりに

計算は旅。

「はじめに」でも記したこの言葉が、なぜ思い浮かんできたのだろうと振り返ると、原点は松尾芭蕉でした。

一六八九年、芭蕉は深川の庵から東北へ旅立ちました。

月日《つきひ》は百代《はくたい》の過客《かかく》にして、
行《いき》かふ年も又旅人也《またたびびとなり》。
舟の上に生涯をうかべ、
馬の口とらへて老《おい》をむかふる者は、
日々旅にして旅を栖《すみか》とす。
古人《こじん》も多く旅に死せるあり。

月日は百代という長い時間を旅する旅人のようなものであり、
その過ぎ去る一年一年もまた旅人。
舟のうえで生涯を過ごし、
馬を引いて老いていく者は、
日々旅の中にいて旅を住まいとする。
昔の人も旅の途上で亡くなった人は多い。

『奥の細道』の冒頭からは、松尾芭蕉の旅にかける並々ならぬ決意が伝わってきます。私は小学校時代から旅が好きでした。自分の足で気の向くまま遠くに出かけることが好きでした。

時に自転車で、時に列車で。そして、計算が好きになった少年時代。きっかけはラジオの製作でした。電気回路図を自分のものにするための計算が必要だったのですが、次第に計算のほうが面白くなっていきました。

そして中学生の時、国語の教科書で出会った、芭蕉の『奥の細道』に衝撃を受けたのです。それまで何気なく見てきた故郷、山形の風景がかくも美しく素晴らしいものであったことが、芭蕉の俳句ではじめてわかった気がしたからです。

そこには、芭蕉の命をかけた「旅」の中から作りだされた俳句という言葉の力がありました。

そして、同じく中学時代に好きになったアインシュタインの世界が、芭蕉のそれと私の中で重なっていきました。

アインシュタインは宇宙の真理を数式で表し、芭蕉は日本の自然を俳句で表します。どちらも大自然の美を言葉で表現し、その言葉に私は感動を覚えました。芭蕉のおかげで、言葉としての数学の魅力に気がついたのです。天才とは大自然に隠れた本質を見抜き、言葉で見事に表現することのできる人であることに思い至りました。

はたして、私が選んだ言葉は数学でした。

芭蕉にとっての「古人」とは、尊敬する西行《さいぎょう》や能因法師《のういんほうし》でしたが、私にとっての古人とはネイピア、オイラー、リーマン、ラマヌジャンといった数学者です。芭蕉が、西行や能因法師のような命がけの旅をいつの日か実現したいと思い続けたように、私も、いつか命がけの計算の旅をしたいと夢見ながら、数学の魅力を伝えるサイエンスナビゲーター®を続けています。

人間ひとりの時間は、百年足らずしかありません。果てしない計算の旅にはあまりにも短すぎます。しかし、ひとりひとりの計算の旅が受け継がれていくならば、ひとりでは辿り着けない、遥か遠く離れたところまで行けるのです。異なる世界、離れた世界どうしにイコールという橋を架けるのが数学者の仕事です。計算の旅を続ければ続けるほど新しい風景、これまで誰も気がつかなかった世界へと導かれていくことになります。イコールをつなごうとする旅人の想いと出会ったとき、私たちは数式に感動することができます。

まさしく芭蕉の俳句と出会うように――。

イコールというレールを数式という列車が走る
旅人には、夢がある
ロマンを追い求める果てしない計算の旅
まだ見ぬ風景を探しに
きょうも旅はつづく

いまもどこかでサイエンスナビゲーター®は語り続けています。

二〇一一年六月

桜井　進

# 文庫版あとがき

二〇一一年に刊行された『超 面白くて眠れなくなる数学』は、前年の二〇一〇年に刊行された『面白くて眠れなくなる数学』の続編として刊行されました。ひとえに前著が好評だったからに他なりません。以来『面白くて眠れなくなる数学』はシリーズ化されていきました。なぜ『面白くて眠れなくなる数学』が読者に受けたのか、著者としては実に興味深いところですが調査するわけにもいかないので、「面白くて眠れなくなる数学」シリーズ制作における著者のこだわりをここに紹介してみようと思います。

**「縦書き」**

和書にとって横書きか縦書きかは重要です。教科書を思い出していただくとわかりますが、数学は横書きです。本棚を見渡してみれば数学書のほとんどが横書きです。文庫、新書の版を問わず、さらには和算分野の本でさえ横書きです。理由はあきらか。数式が横書きだからです。数式を多用する本を縦書きレイアウトにする人はそういないでしょう。しかし私は縦書きにこだわります。執筆は横書きですが、本のレイアウトは、文章は縦書き、数式は額縁に入れて図版扱いにします。すべては読者にすらすらと読んでもらえるようにするため。この一点に尽きます。

数式は苦手だが興味がある、そんな人は少なくないはず、というのが私の推察。本は分野ごとに縦書き・横書きの傾向が決まっています。歴史物は横書きでも縦書きでも読む人の印象はそう大きく変わらないように思われます。それに対して、数学はちがいます。

横書きの数学の本はまさに数学の本と言わんばかりで、数学を敬遠する人にとっては教科書や解説書の印象を決定づけます。それが縦書きにした途端、雰囲気が変わります。

これなら私でも読めそうと思ってもらえるかもしれない。多くの人に読んでもらいたいという私の願いが、縦書きにさせるのです。

それにしても興味深いのは、横書きでも縦書きでも書き表せる日本語という言語です。こんな不思議な言語は他にあるのでしょうか。実は、この横書き・縦書きの考察はさらにつづくのですが、どれだけの紙面を使うか見当もつかないのでつづきはまたどこかで。

**「短編」**

私自身が短い読み切り短編が好きなことが第一の理由です。ドラえもんの漫画、星新一のショートショート、どちらも一冊が短編の集まりです。気がつけば一冊読み終えているあの感覚が私は好きです。

数学は壮大な物語。例えば素数。その研究は古代ギリシア時代に始まり現在も続いています。素数というタイトルで本にしたならばいったい何万頁になるのでしょう。想像もつきません。そんな本は作れないから仕方なく数百頁の本にするしかありません。

それにしても数百頁の体系づけられた本を読むこと自体、相当な実力が求められます。思い出してみましょう。数学教科書という本を、通して読んだことがある人がどれだけいるでしょうか。

大人になっていつか数学をという願望を持っている人がいても不思議ではありません。そうです、いつかは横書きの数学書、それも短編の集まりではない一つの理論を体系的にまとめた数学書にチャレンジしてみましょう。

一冊を読み切り、理論を自分のものにできた時の喜びと達成感の大きさは格別です。果たして、その一冊は二千年に及ぶ数学の中の一つの短編、ショートショートであることに気づかされます。「面白くて眠れなくなる数学」シリーズは縦書き、数式を額縁に入れる短編というスタイルで、読み始めて気がついたらあっという間に読み終わってしまう本なのです。一つ一つのお話の中に登場した数学用語が、読む人にとって、新たな興味関心を開くトリガーとなってもらえることを期待しています。

**「心象風景」**

私が好んでよく使う言葉が、旅、旅人、風景、景色です。どれも頭に「計算の」をつけて使います。数学には形がありません。色も重さも匂いもありません。さらに数学には時間が流れていません。これがイデアの存在としての数学の正体です。イデアとしての数学は形ある私たちに絶大なる影響を与えます。数学を駆使することで人類は文明を築いてきました。現代のコンピューターおよびＡＩは数学の叡智《えいち》の結晶といえる技術です。

数学は本当に難しい。その数学を手にできたことこそ、私たちにとって奇跡なのです。イデアとしての数学は私たち――ヒトの中に存在します。私というヒトの中にも数学があります。それを表現しようとして四つの言葉（旅、旅人、風景、景色）を使います。ヒトとともにある数学がヒトの中に特別な風景を描き出してくれます。ヒトの中で数学が育ち躍動する時、数学にも時間が流れるのでしょう。

十歳から始まった私の計算の旅。数学世界の時空をタイムマシンで行き来するかのごとく旅をしてきました。それは驚きと感動との遭遇であり、数学の圧倒的なリアリティとの出会いでした。それをいかに語るか、私の挑戦は旅とともにこれからもつづきます。

二〇二一年六月十七日

桜井　進

# 参考文献

『岩波 数学辞典（第4版）』（日本数学会編 岩波書店）
『岩波 数学入門辞典』（青木和彦ほか編著 岩波書店）
『雪月花の数学』（桜井進著 祥伝社黄金文庫）
『オイラー入門』（W・ダンハム著、百々谷哲也、若山正人、黒川信重訳 シュプリンガー・フェアラーク東京）
『数学用語と記号ものがたり』（片野善一郎著 裳華房）
『ガウスが切り開いた道』（シモン・G・ギンディキン著、三浦伸夫訳 シュプリンガー・フェアラーク東京）
『線型代数入門』（齋藤正彦著 東京大学出版会）
『線型代数学』（佐武一郎著 裳華房）
『数学名言集』（ヴィルチェンコ編、松野武、山崎昇訳 大竹出版）
『新・和算入門』（佐藤健一著 研成社）
『トポロジカル宇宙 完全版―ポアンカレ予想解決への道』（根上生也著 日本評論社）
『多様体の基礎』（松本幸夫著 東京大学出版会）
『万物の尺度を求めて―メートル法を定めた子午線大計測』（ケン・オールダー著、吉田三知世訳 早川書房）
H. E. Dudeney, *The Canterbury Puzzles*, Dover Publications

◇参考ＵＲＬ
正方形分割　http://www.squaring.net/
フェルマー数　http://www.prothsearch.com/fermat.html

著者紹介
**桜井 進**（さくらい　すすむ）
1968年、山形県生まれ。東京工業大学理学部数学科卒業、同大学大学院社会理工学研究科博士課程中退。サイエンスナビゲーター®。
株式会社 sakurAi Science Factory 代表取締役ＣＥＯ、東京理科大学大学院非常勤講師。
在学中から、講師として教壇に立ち、大手予備校で数学や物理を楽しく分かりやすく生徒に伝える。2000年、日本で最初のサイエンスナビゲーター®として、数学の歴史や数学者の人間ドラマを通して数学の驚きと感動を伝える講演活動をはじめる。小学生からお年寄りまで、誰でも楽しめて体験できるエキサイティング・ライブショーは見る人の世界観を変えると好評を博す。世界初の「数学エンターテイメント」は日本全国で反響を呼び、テレビ、新聞、雑誌など多くのメディアで話題になっている。
おもな著書に「面白くて眠れなくなる数学」シリーズ（ＰＨＰエディターズ・グループ）、『感動する！数学』（ＰＨＰ文庫）などがある。



本書は、2011年８月にＰＨＰエディターズ・グループから刊行された作品に加筆・修正したものである。

PHP文庫　超 面白くて眠れなくなる数学

2021年8月13日　第1版第1刷

著　者　　桜　井　　進
発行者　　後　藤　淳　一
発行所　　株式会社ＰＨＰ研究所
東京本部　〒135-8137　江東区豊洲5-6-52
ＰＨＰ文庫出版部　☎03-3520-9617（編集）
普及部　☎03-3520-9630（販売）
京都本部　〒601-8411　京都市南区西九条北ノ内町11

PHP INTERFACE　https://www.php.co.jp/

制作協力
組　　版　　株式会社PHPエディターズ・グループ

印刷所
製本所　　図書印刷株式会社


ISBN978-4-569-90163-3

PHP文庫

# 面白くて眠れなくなる数学

桜井 進 著

クレジットカードの会員番号の秘密、おつりを計算するテクニック、1+1=2って本当？ 文系の人でもよくわかる「数学」の楽しい話。